TQM みんなの“大誤解”を斬る！

顧客満足は正義なのか？

飯塚悦功・金子雅明・平林良人 編著
TQMの“大誤解”を斬る！ 編集委員会 著

日科技連

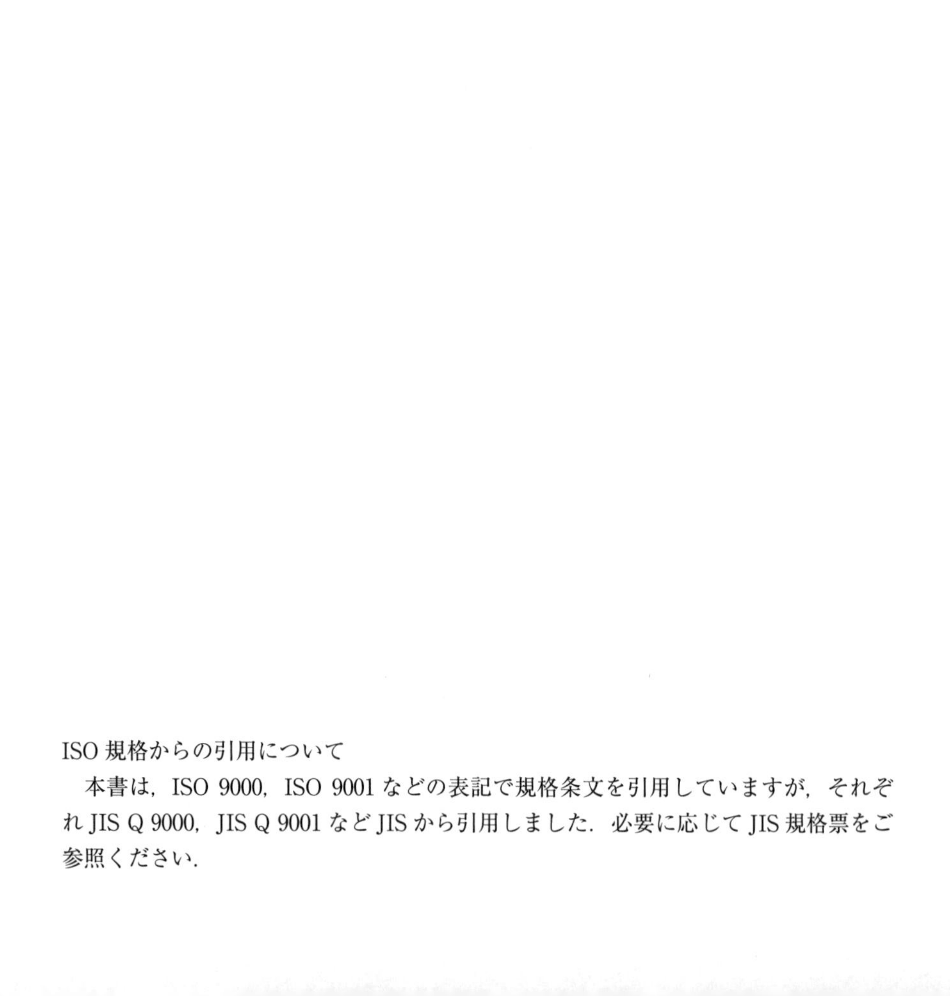

ISO 規格からの引用について

本書は，ISO 9000，ISO 9001 などの表記で規格条文を引用していますが，それぞれ JIS Q 9000，JIS Q 9001 など JIS から引用しました．必要に応じて JIS 規格票をご参照ください．

まえがき

「品質問題」,「品質不正」,「不祥事」というキーワードを新聞紙面あるいはネットニュースから見ることがなくなる日は果たしてくるのでしょうか.

そのような嘆きの感情をお持ちになる方々は私たちだけではないと思います.だいぶ古い話で,最近の若い方々では聞いたこともない,という方が大勢おられる状況になってしまった,“Japan as No.1”という言葉.本書の読者の方にはご記憶の方もいらっしゃることと思います.日本の製品が世界を席巻し,日本の国力がどんどん上がっていることを感じていた当時の世代は,企業現場の第一線から退く時代にいよいよ突入してきました.

Z世代そして,もう少し上の世代の方々の中には,失われた20年,いえ30年ともいわれる日本経済の置かれた厳しい状況下,目の前の仕事をこなすのに精一杯でご自身の所属される会社の製品の質の改善についての議論・検討を他の部署の方と行う機会も時間もない,という方が大勢いらっしゃるように感じております.

大ベストセラーとなった,エズラ・ヴォーゲル著の*Japan as Number One*が出版されたのは1979年です.そしてISO 9001の初版が発行されたのは1987年です.つまりISO 9001が発行される10年近く前から日本の各社の品質への取組みは全世界から高い評価を得られていたのです.このことに改めて意識を向けていただきたいのです.ISO 9001が世の中に登場したから日本企業各社の品質が向上したわけではないのです.

超ISO企業研究会メンバーが執筆をした前著『ISO運用の“大誤解”を斬る!』は,幸い多くの方々にお読みいただくとともに高い評価をいただきました.しかしながら,同書はあくまでISO 9001に焦点を絞り込んだテーマ設定でした.出版によって一定レベル以上のご評価をいただいたものの,同書出版後，私たちの中にはISO 9001だけに意識が向いてしまうと，そこからまた誤解が広がっていくのではないか，という次の疑念が浮かんでくることを拭い去ることができませんでした．なぜなら，日本ではISO 9001が生まれるはるか以前からTQM(Total Quality Management：総合的品質経営，総合的品質マネジメント)という手法を用いて素晴らしい質の製品を世の中に送り出していく数々の企業が大躍進を遂げているからです．

そこで，前著で示したISO運用に関する誤解という視点からもっと大きな視野で品質を捉えたときに，世の中にはびこっている誤解を解きほぐす書を世に問う必要があると考えました．

品質とは何か，品質管理・品質保証とは何か．標準化とは何か．これらの基礎的事項の一つひとつに今一度立ち返り，ISO 9001という枠にとらわれることがないよう，そして広い視野から品質を見つめなおし，品質立国日本の輝きを今一度取り戻していただきたい，という想いで，本書は23に及ぶ誤解を取り上げました．結果として《みんな編》と《トップ・上司編》の2分冊となりましたが，その分，広範囲を網羅することができる内容になったと考えております．なお，それぞれの趣旨はこの後の「誤解の紹介」をご参照ください．

本書は，頭から順番に読んでいただく必要はありません．

1日一つの誤解を読み進めよう，という意識で結構です．また，目次から今日はこの誤解について理解を深めよう，と思って特定のページを読んでみる，ということでもかまいません．

ISO 9001規格は品質マネジメントシステムの入門者向けの規格としては非常によく練られたよいものになってきたと私たちは考えています．しかし，ISO 9001だけでは企業経営を考えていくうえで決して十分ではありません．

TQMは古くから使われてきた手法，概念だからといって，デジタル社会の進展著しい昨今では通用しない，ということでは決してありません．基本はいつの時代であっても同じであり，組織経営には欠かせないものです．その品質に関する基本を改めてTQMという枠組みで読者の皆様には捉えなおしていただきたいのです．

本書は，超ISO企業研究会が毎週発行しているメールマガジンの内容をベースに，品質に関してあらゆる業種業態の方々が基本に立ち返るために必要な加筆・修正を行って取りまとめました．基本に立ち返るといっても，企業活動を意識していますので，最終的には利益を上げることも十分に意識した内容としているつもりです．品質分野のベテランメンバーがそれぞれ自分自身の経験(多くのメンバーが民間企業出身)も踏まえて各項目を執筆しております．それぞれの執筆者の個性を感じながら，読者の皆様にはこれをどのように自社に展開していくか，本書を読み進めながら考えていただければ幸いです．

2021年10月

超ISO企業研究会
事務局長　青木　恒享

誤解の紹介

《みんな編》

誤解 1　高品質＝高級・高グレード・高価な製品ではないのですか？

品質がよいとはどういうことでしょうか．高級，高機能，高性能，高グレード，高価ということでしょうか．でも，安い製品の方がよいという人もいます．「品質」の意味を再認識し，品質の良し悪しがどのように決まるのか解き明かします．

誤解 2　品質の“品”は“しなもの”のことですよね

「サービスの品質」という表現に違和感を覚える方がいます．品質とは「品物の質」のことだと考えているからです．実は，品質の“品”は“しなもの”のことではなく，上品・下品の“ひん”なのです．品質という言葉の成り立ちを確認し，サービス業の特徴を踏まえてサービスの品質をどのように管理すべきか考えます．

誤解 3　「顧客満足」のため，とにかくお客様の言うとおりにしよう．いや素人であるお客様の言うことなんか聞いていられない

品質管理の大原則は「顧客満足」と教えられました．でも，顧客は素人ですし，無理難題も言います．「顧客満足」は本当に品質管理における正義なのでしょうか．「顧客満足」の支持派と懐疑派のそれぞれの立場の意見を吟味して「顧客満足」の真意を解き明かします．

誤解 4　品質管理と品質保証は同じことですよね

「品質管理」と「品質保証」の意味はどう違うのでしょうか．日本の品質管理の発展の過程で生まれた「品質保証」という美しい概念．それに比べかなり限定されたISO 9000での意味．この２つの用語が，日本とISO 9000でどう理解されてきたか，私たちはどう振る舞えばよいか考えます．

誤解 5　最近は管理，管理ってうるさいけど，締め付けばかりじゃ仕事にならないんだよ

「管理強化」と聞くと条件反射的に身構えてしまいませんか．「管理社会反対」にはもろ手を挙げて賛同してしまいませんか．きっと「管理＝締め付け」と思っているからでしょう．品質管理では，管理をそのようには考えていません．業務目的を合理的に達成するために必要な「管理」「マネジメント」の真意を解き明かします．

誤解6　マネジメントですか？　そんな軽薄なことより一にも二にもまずは「技術」ですよ

品質の管理において「技術」と「マネジメント」のどちらが重要と思いますか．この2つは，対立，二者択一の関係にはありません．技術とマネジメントのそれぞれの役割と位置づけを明確にし，両者をどう活用すべきか明らかにします．

誤解7　目の前の仕事を片付けるのがやっとで，管理とか標準化なんて悠長なことを考えている暇はありません

あなたも，仕事が忙しく，問題・課題が山積みで息つく暇もないと嘆いているお一人ですか．そうなってしまう原因は何だと思いますか．仕事が多い，人がいない，業務が複雑，….実は，その抜本的治療法は「管理」と「標準化」にあります．

誤解8　標準化・文書化ばかりやっていると，マニュアル人間ができて本当に困るよ

「標準化」とは，結局は統一ですから，融通の利かないマニュアル人間を増やすことになるとお嘆きなのですね．標準化の本質を理解していないからそうお考えなのです．実は，標準化は独創性・創造性の基盤なのです．信じられますか？

誤解9　プロセスが大事だって？　世の中は「結果」がすべてだよ！

プロセス管理というけれど，手品でも運でも何でもよいから，結果オーライが一番と思いたくなります．でも，いつも手品を使えるわけではないし，幸運が続くとも限りません．プロセスと結果の関係，プロセス管理の真意を明らかにします．

誤解10　失敗の分析？　過去を振り返っても暗くなるだけじゃないか！

自分の失敗の分析は嫌なものです．傷口に塩を擦り込むように「過去を振り返る」のはつらいし，他の人に知られたくありません．でも，なぜ分析が推奨されるのでしょうか．失敗の分析の意味・意義，起こしてしまった失敗への対処法について考えます．

誤解11　PDCAなんて当たり前．じゃんじゃん回しているよ！

PDCAについてはすでにご存知でしょう．「PDCAを回す」というフレーズもよく聞きます．でも，ただじゃんじゃん回せばよいのでしょうか．回し方にコツはないのでしょうか．賢い組織に成長できるPDCAの回し方を明らかにしていきます．

《トップ・上司編》

誤解12　品質管理をやっても儲かりません

良質な製品を作るには，よい部品・材料，緻密な工程管理，厳しい検査が必要で，コスト高になると考えていませんか．実は，適切な品質管理により，コスト減，売上・利益増が可能です．品質が経営に貢献する“からくり”を解き明かします．

誤解13　品質？　もうとっくに価格勝負の時代なんだよ

受注・販売増のための決定打は価格であって，品質は必要条件に過ぎないと思っていませんか．よく売れる製品はいずれコモディティ化し，低価格競争になりかねません．品質の意味を熟考し，ジリ貧に陥らない経営・事業のあり方を考えます．

誤解14　わが社の経営方針は顧客価値創造だから，品質管理とは別の手段を考えないとな

経営者にとって，近年の流行語大賞は「顧客価値創造」でしょう．新しい取組みを始めている会社もあります．でも振り返ってみれば，以前から品質管理をやっていました．品質管理では顧客価値創造ができないのでしょうか．

誤解15　品質不祥事やコンプライアンス違反はTQMと関係ないんですよね？

世を騒がす品質不祥事やコンプライアンス違反が絶えません．頻発する不祥事の防止にTQMは役立つのでしょうか．不祥事を起こす組織に共通の要因を明らかにし，TQMによって健全な組織体制と経営基盤を築く方法を考察します．

誤解16　TQMは方針管理とQCサークル，品質保証をやっていればよいですよね

何をやっていれば「TQMをやっている」といえるのでしょう．まさか，TQMの限られた活動を形式的に実施しているだけではないでしょうね．そのTQMで成果が出ていますか．本当の成果を生むTQM活用のポイントを解説します．

誤解17　わが社はISO 9001認証を受け，検査もきちんとやっているので品質管理体制は万全です

あなたの会社も，検査を実施し，ISO 9001認証を受けるか，それに相当する品質管理体制を構築し運用していることでしょう．その管理体制で万全なのでしょうか．その体制を充実させ，TQMレベルに進化させるアプローチを考察します．

誤解18　品質管理って工場(製造)がやる活動ですよね？

品質管理は製造品質の管理から始まりました．だから誰もが製造で品質管理をやるのは当然と考えています．そして，製造だけがやればよいと誤解している人もいます．品質管理の対象はどこまでで，誰が何をすればよいのでしょうか．

誤解19　品質保証部門の主な業務は「検査」と「クレーム処理」だよね

組織図には必ず入っている「品質保証部門」．営業，開発，製造に比べ，その業務内容はイメージしにくいようです．検査とクレーム処理だけが主要業務なのでしょうか．品質保証部門は，いったい何をどこまでやればよいのでしょうか．

誤解20　しっかり標準化してみんなで守っているから日常管理はばっちりです

TQMの定番である日常管理．その中心は業務プロセスの標準化とPDCA．標準化とその遵守は重要ですが，それだけで日常管理は万全と思っていませんか．日常管理とは何か，その効果的運営のポイントは何か，原点に返って考えます．

誤解21　わが社の方針管理は，各部門へ展開し，半年ごとに進捗確認もしていますから，まったく問題ないですよ

方針管理とは，全社方針を各部門へ展開して，目標を達成するよう叱咤激励する活動なのでしょうか．その方法で経営目的の達成に貢献できましたか．環境変化に応じた，全組織一丸の効果的な方針管理の運営に何が必要か考察します．

誤解22　QCサークルは自主的活動だから，方針管理で取り上げているテーマに取り組むのはまずいですよね

「QCサークルは，同じ職場で働く人々が，自らの職場の課題の解決に自主的に取り組む活動」．QCサークルを説明した一文です．何かおかしいと思いませんでしたか．「エッ，どこが？」と思った方は，ぜひこの誤解をお読みください．

誤解23　わが社はTQMとBPRをやってきたから，次にBSCはどうかね．最近は○○も流行っているみたいだな

あなたがある経営ツールの推進役に任命されたとします．あなたの上司やトップがこの誤解のような発言をしたらどう対応しますか．経営者は経営ツールにどう向き合うべきか，推進役はどう振る舞うべきか，経営ツールの賢い活用法を考えます．

目　次

誤解 1

高品質＝高級・高グレード・高価な製品ではないのですか？

製品の物理的特性の高低が，本当に品質の良し悪しを決めるのか？

まず，この誤解をもっている人の頭の中にあるのは，例えばスマートフォンで超高画質カメラ機能がついているとか，通信速度が4Gから5Gに(現在の4G (LTE)より100倍程度速くなるようです)になるとか，バッテリーがすごく保つとか，その他にもお財布携帯機能，地デジ放送視聴機能，ハイレゾ音源対応機能など，製品紹介パンフレットに載るような，製品の「物理的な特性に関する仕様・スペック(以下，品質特性値と呼ぶ)」を品質がよいとイメージされているのではないでしょうか．これらの品質特性値が優れていることが，すなわち高品質であるという考え方です(**図表 1.1**)．

確かに，スマートフォンの通信速度が速くなり，バッテリーが今よりも長くもつようになること(製品の品質特性の向上)が，顧客の満足につながっていることがありますが，すべての顧客がそのように思っているかというと，そうでもありません．

例えば，典型的な顧客として「20代の大学生や30代の社会人」と「70代の高齢者」を考えてみましょう．前者の「20代の大学生や30代の社会人」であれば，上記で述べたような品質特性値の向上が顧客満足につながることは容易

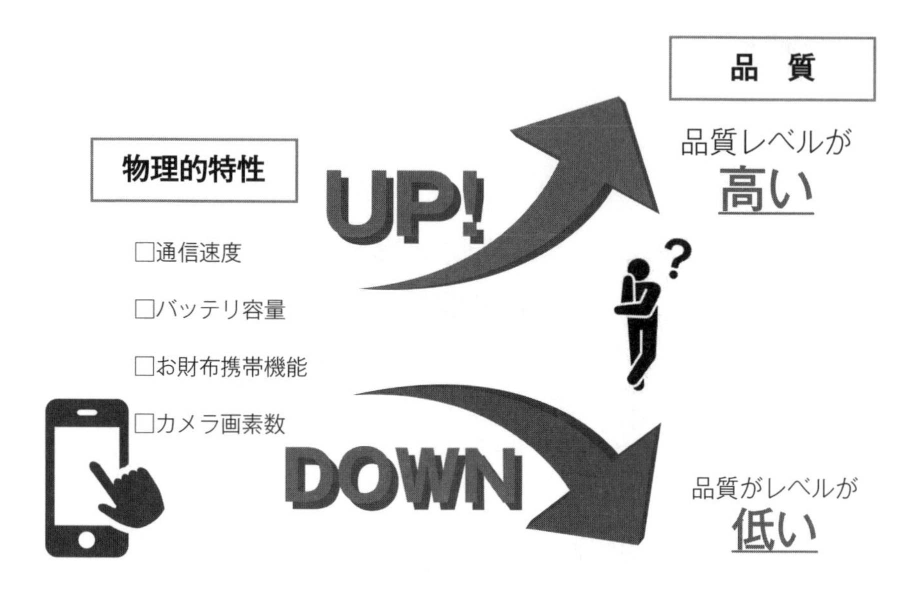

図表 1.1 製品の物理的特性の高低＝品質の高低？

に理解できます.

一方で,「70代の高齢者」はどうでしょうか？ 現在, 人生100年の時代だといわれてはいますが, 少なくとも私の両親にとっては, そのような機能向上には関心がありません. むしろ, さまざまな機能が増えることに,「いらないものがいっぱいついていて, かえって使いにくい」と不満をもらします.

私の両親は60代ですが, 超高画質カメラやお財布携帯機能などは不要で, 画面や表示文字が大きくて操作しやすく, 通話ができ, 健康面で何かあって倒れたときのGPS機能などのほうが重要です.

最近, 私の大学の授業で学生と議論してみたのですが, スマートフォンの“操作のしやすさ”を重視していると答えた学生がいました. さらに聞くと, ここでいう“操作のしやすさ”とは, “自分の指の(早い)動きに反応してくれる高反応・応答速度”を示すことのようでした.

これについて,「70代の高齢者」はどう考えると思いますか？ ご想像のとおり, そんな高反応・応答速度があると, 逆にスマートフォンが高齢者の認識力・判断速度を超えて反応してしまい，高齢者は自分の行動に戸惑うだけで身動きがとれなくなって，結果として“操作のしやすさ”は低下し，満足度も下がることになるのではないでしょうか．

このスマートフォンの例からは，実は品質特性値が低いことと品質の関係をも理解することもできます．すなわち，スマートフォンにおける反応・応答速度という性能・機能が低いほうが，「70代の高齢者」にとっては逆に品質がよい＝操作がしやすい，ということになります．

また，スマートフォンの“バッテリー持続時間”についていえば，「20代の大学生や30代の社会人」にとっては，コロナ禍における大学授業，就職面接などのオンライン化の影響もあってスマートフォンの使用時間が増えていることから，持続時間が長くなることは，品質がよいと判断する根拠となる特徴・特性としての重みを増しているようです．一方で，「70代の高齢者」にとっては持続時間が長くなるとスマートフォンを充電する手間が従来よりも少なくなるので多少のプラスの影響にありますが，そもそもの使用時間が長くはないため，そこまでの恩恵は受けません．

このように，品質特性値の高低と品質の良し悪しは一般的には比例関係にあるとはいえず，逆の関係だったり，関係の強さにも強弱，時には無関係であることもあります．

では，品質は何で決まるか？

上述したように，品質は製品の物理的特性で決まらないとすれば，何で決まるのでしょうか．まず，品質の定義についていくつかの文献を次に示します．

① JIS Q 9000：「品質マネジメントシステム－基本及び用語」の定義：
「対象に本来備わっている特性の集まりが，要求事項を満たす程度」

② 『品質経営入門』（久米均，日科技連出版社，2005，p.15）の定義：
「商品品質は，製品またはサービスの内容と顧客の要求あるいは期待との

合致の程度」

③　ISO 8402の定義：「ニーズ・期待を満たす能力に関わる特性の全体像」

④　J. M. Juran 博士の定義：“Fitness for use”（使用適合性）

①の“対象”は，②の“製品またはサービス”と同じ意味です．ただ，①では単に“要求事項を満たす程度”ですが，②では“顧客の要求あるいは期待との合致”と述べています．顧客からの要求事項(①)として認識されない広い意味での期待をも②が包括していることを意味しています．

また③では，②と同様にニーズ・期待を満たすという意味では同じですが，①が本来備わっている特性としているのに対して，③ではニーズ又は期待を満たす能力に関する特性の全体像としているため，価格など付与された特性も品質に含まれることになります．②のみ，“顧客”のニーズ・期待と明示されていますが，それ以外の①，③，④はいずれも誰のニーズ・期待かは明示されていませんが，顧客はもとよりその他の利害関係者をも含めたより広い定義になっていると理解すべきでしょう．さらに，J. M. Juran 博士は“Fitness for use”（使用適合性）と表現しており，その意図は上記①，②，③とほぼ共通であるといえます．

以上のことから,「顧客を含めた利害関係者の要求や期待を，提供した商品・サービスを満たしている(合致している)程度」を，品質の定義と捉えるとよいでしょう．つまり，その製品・サービスが(顧客の)ニーズを満たせば，高品質であり，そうでなければ“低品質”となります．

先ほどのスマートフォンの例でいえば，高機能化・多機能化は「20代の大学生や30代の社会人」のニーズを満たしてはいますが,「70代の高齢者」のニーズを満たしていない，ということになります．

品質と製品の品質特性との関係の理解

次に，ここでいう品質と，製品の品質特性の関係について考えてみたいと思います．

繰り返しになりますが，企業が提供する製品が顧客を含む利害関係者のニーズや期待を満たしているかどうかが品質の評価になります．そして，ニーズを満たすような品質の製品とはどんなものかを規定するのが，製品の品質特性になります．言い換えれば，製品の品質特性は，ニーズを満たす手段です．多くの企業が実施している製品の企画，設計業務がまさにこれに相当し，ニーズを満たすためにどんな品質特性をどのような値にすべきかを検討し，決定することになります．

ニーズと製品の品質特性の間の関係を把握，分析するためのツールとして「品質表」があります(**図表 1.2**)．「品質表」はQFD(Quality Function Deployment)，日本語では「品質機能展開」として提案された手法の中の一つであり，“顧客のニーズを製品の品質特性(の仕様)に落とし込むこと”を主眼としています．

「品質表」の縦軸は，顧客の生の言語データに基づいて，顧客が求める真の要求(要求品質)を1次項目，2次項目と階層的に整理した顧客の要望・期待の一覧であり，要求品質展開表と呼ばれます．その本質的な意味は，真の顧客ニーズが何であるかを抜け漏れなく体系的に明らかにし，“要求品質の構造”の全貌を把握することです．また，「品質表」の横軸は，製品の設計対象である品質特性(機能・性能，信頼性，安全性，操作性，デザインなど)を示しており，品質特性展開表と呼ばれています．

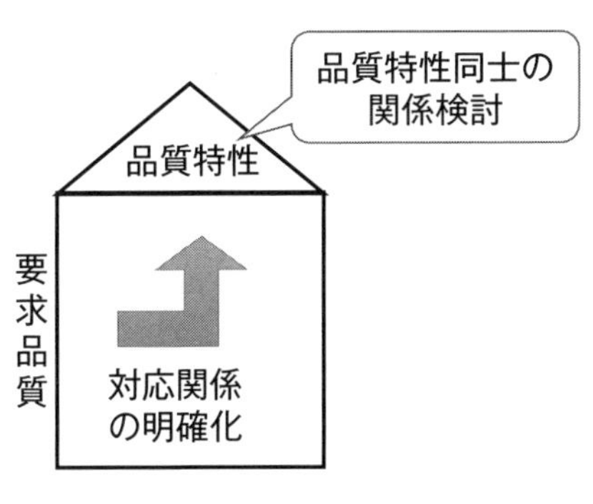

図表 1.2　品質表の概念図

つまり，「品質表」とは縦軸に要求品質展開表，横軸に品質特性展開表を並べたマトリックス表(二元表)であり，縦軸の要求品質展開表で明らかになった各要求品質と，横軸の製品の品質特性の関係について◎，○，△などの記号で表現します．この際，両者の関係の根拠となる科学的データも参照できるようにしておきます．また，横軸の品質特性展開表の上に品質特性項目同士の関係を検討する“三角帽子”が存在します．これにより，ある品質特性値を改善しようとしたら別の品質特性値が悪くなるようなトレード・オフ関係を把握することが可能となり，その検討結果を踏まえてボトルネック技術を抜け漏れなく特定することもできます．

一般的に，「品質表」を用いた製品の品質特性値の決定手順は次のとおりとなります(カッコ内にその本質的な意味を書き込んでいます)．

① 顧客の要求品質展開表の作成(真の顧客ニーズは何か)

② 重要要求品質の決定(競争優位の確立で満たすことが重要となる顧客ニーズは何か)

③ 品質特性展開表の作成(製品が有すべき最終的な品質特性には何があるか)

④ 品質表の作成(重要要求品質と品質特性との対応関係はどのようになっているか，ボトルネック技術は何か)

⑤ 各品質特性で実現すべきスペック(仕様)の決定(品質特性値をどのように設定すれば顧客ニーズを満たせるか)

いずれにしても，「品質表」は要求品質として表されるニーズと，それを実現す手段としての製品の品質特性との関係を体系的に明らかにするツールなのです．もっと詳細が知りたい方は，巻末の引用：参考文献4)～6)をご覧いただければと思います．

品質特性と顧客の満足度の関係

ニーズと製品の品質特性が目的－手段関係であることはわかりましたが，先ほど説明したスマートフォンの例しかり，品質特性が充足されるからといって，それが顧客満足に与える影響は必ずしも比例関係になるとは限りません．そこで，製品の品質特性の充足度と顧客満足への関係を明らかにしたのが東京理科大学名誉教授の狩野紀昭先生であり，1984年に提唱された狩野モデルとも称される「魅力的品質と当たり前品質」(**図表1.3**)がよく知られています．

ここでは，製品の品質特性の充足度と顧客満足度の関係の違いから，品質を大きく下記の4つに区分しています．

- 当たり前品質
- 魅力的品質
- 一元的品質
- 無関心品質

“当たり前品質”とは，製品の物理的な性質が満たされていても，顧客にとってそれは当たり前であり，心理的な満足度の向上には影響しませんが，不十分であると大きな不満を感じるような特性のことを指します．例えば，自動

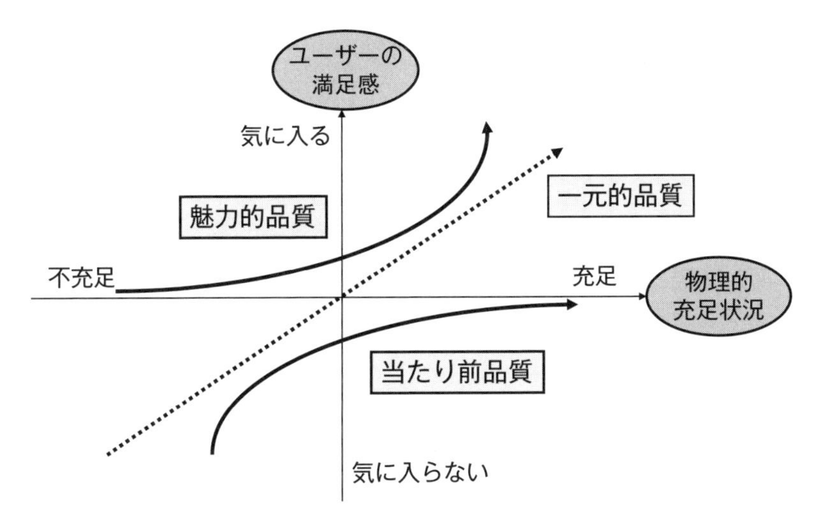

出典）　狩野紀昭編著，日科技連QIP研究会著：『現状打破・創造への道』，日科技連出版社，p.32，図1.5，1997.

図表1.3　魅力的品質と当たり前品質(狩野モデル)

車におけるブレーキ故障などは現代ではなくて当たり前ですが，このようなことが購買後すぐに発生してしまったら，顧客の不満足度に直結することになります．

一方で，“魅力的品質”とは，物理的な性質が多少悪くてもそれほど不満を感じませんが，充実させることで顧客の満足度が大きく向上する特性のことを指します．例えば，乗用車でいえば“走り抜ける爽快感”などがあてはまります．

これらに関連して，物理的な性質の充足度に比例して，顧客の満足度が上がったり下がったりする特性のことを“一元的品質”と呼び，代表的な特性には燃費などがあります．また“無関心品質”とは，充足度合にまったく関係しない特性のことを意味します．

これら4つの品質区分という考え方は，企業経営にとってとても重要な示唆を示してくれます．例えば，魅力的品質は売上増に影響を与えますし，当たり前品質は満たされないと市場クレームの発生につながってしまいます．つまり，各企業は顧客にとって当たり前品質の特性を確実に満たしつつ，市場での競争力強化のために魅力的品質の側面を磨いていくことが求められます．

ただし，ここで注意すべき点が1つあります．それは時代時代によってどの特性が魅力的品質や当たり前品質となるのか，言い換えれば，お客様の心理的な満足度への影響度合いが変化する，という点です．例えば，自動車のABS装着(アンチロック・ブレーキ・システム)は，出始めは魅力的品質で，そのうち一元的品質になり，今では比較的安価な軽自動車においても標準装備としてついているのが当たり前となっています．

ニーズの多様性への対応

最後に，ニーズの多様性とそれへの対応について説明します．

読者の皆さんもご承知のとおり，ニーズは一様ではありません．ニーズの多様性を理解し，それに的確に対応しておく必要があります．しかし，ニーズの多様性と一言で言っても，多様な意味合いがあることに注意が必要です．それらの意味合いについて，❶～❸の各側面から解説します．

❶市場セグメント

❷製品・サービスのどの側面・特徴を重視するか

❸顧客のサプライチェーン

1 市場セグメント

例えば，自動車業界を例にとると，同じ乗用車の製品カテゴリーにおいて，ラグジュアリーカー，エコノミーカー，スポーツカー，ミニバン，SUV などでは，明らかに顧客層が異なりますし，ニーズが異なります．靴もそうで，仕事などの用途で使うビジネス用シューズと，休日の娯楽で用いるカジュアルシューズがありますし，前者のビジネス用シューズにおいても一般的なシューズだけでなく，主に梅雨での使用を意図した，防水加工済みで足の蒸れや通気性が気になる人向けのシューズもあります．

例えば私は，靴の分野では用途や目的が異なるカジュアルシューズ，ビジネスシューズを持っており，ビジネスシューズにおいても梅雨用のシューズも別に持っています．さらに，重要な催事用に有名メーカーの高価な革靴も１足揃えています．これは，たとえ同一製品カテゴリー(例えば，乗用車や靴)であっても，複数の使用目的・用途が存在し，それによって複数の異なる品種のモノを望むことがある，ということを示しています．

よい品質＝ニーズを満たすことですから，これらさまざまな異なるニーズに対応することが企業側に求められます．そのために，ある製品カテゴリー内で存在するニーズの相違や共通点に着目し，ある程度類似したニーズをもったある程度の規模がある顧客群にいくつかグルーピングする，すなわち市場セグメンテーションを適切に行い，各市場セグメンテーションに合致した製品の“品種(製品ラインナップ)”を増やすことで対応する，ということが求められます．

言い換えれば，対象とする製品カテゴリーにおける市場ニーズの構造，全貌を的確に理解し，それに対応するためにはどのような製品ラインナップを自社がもてばよいかを検討しておくことが重要であるといえます．

2 製品・サービスのどの側面・特徴を重視するか

ある製品カテゴリー内のある1つの品種においても，ニーズの多様性は存在します．それは，当該製品においてどの側面・特徴を重視するかが顧客によって変わるからです．

例えば，乗用車という製品カテゴリー内の1つの品種であるSUVで考えます．実は私は今持っている車が故障したため，これを契機に2020年にSUVを購入しました．ご存知のとおり，SUVといっても各社でさまざまなSUVがあります．私の具体的な使用状況は以下のとおりです．

- 通常は妻が出勤などで運転することが多く，私は週末のみの運転．
- 我が家は4人家族であり，親戚や知人・友人が同乗する機会はほぼない．
- 週末は子供とともに川・海，山間にあるキャンプ，大型ショッピングモール，遊園地などに行くことが多い．新型コロナウイルスの影響で，特に三密を避けるため，川，海，キャンプでの利用がかなり多くなっている．
- 自宅マンションには専門の駐車場はなく，駐車場はマンション向かいの路上駐車場である．

以上の使用状況を踏まえて，SUVについての主たる装備について以下の意思決定を行い，最終的な購入車種を決めました．

- サードシートの有無：4人家族であり，ほぼ家族のみが乗るので不要．
- 広い荷室スペースの必要性：川，海，キャンプに行くための必要機材や備品，大量の買い物をすることがあり，これは必須．
- ハイブリッドの搭載：通常は妻の出勤のみで，週末もそれほど長時間運転しないので，搭載するメリットはないと判断．長距離移動が少ないため，ガソリン補充の回数は多くなく，その手間も気にならない．

- フラットシートの可否：車中泊をすることはないため，不要．荷物が多いので，そもそもフラットシートにできる機会がほとんどない．
- 車体サイズ：駐車場は立体ではなく路上駐車場であり，車高や車幅の考慮は不要．
- 安全装置：普段は妻がよく使うので，最新の安全性能の充実さを非常に重視．

これは我が家においてSUVのどの側面・特徴を重視するかを示したものですが，当然ながら別の家庭では異なる側面・特徴を重視し，異なるSUVを購入することもあるでしょう．

以上のことから，企業における対応としては，ターゲットとなる顧客層における具体的な使用環境・状況を踏まえて，重視される製品・サービスの側面・特徴がどこかを常に把握しておき，次の新製品企画時にそれらを確実かつ迅速に反映することが求められます．

3 顧客のサプライチェーン

では最後に，ニーズの多様性につながるもう1つの要因として，顧客のサプライチェーンを考えます．

品質の話題になるとき，「顧客は誰ですか？」と聞くと，自社の製品・サービスを受け取って，対価を支払った方と考えがちです．もちろん，それはそれで間違いではないのですが，より一般的に考えてみると，製品・サービスを受け取った方と支払いをした人が必ずしも一致しないこともあります．

例えばファミリー・カーは，支払いをするのは夫で，主に運転するのは妻かもしれません．また，どの車にするかについての選択権をもっているのも，妻であることが少なくないと思われます．子供たちは車による移動サービスを受けますが，車の選択権はほぼないと考えてよいでしょう．この場合，購入する人と使用（運転）する人は同じですが，どの車がよいかを選択する人と，その商品・サービスの便益を受ける人は大きく異なることがわかります．

「ギフト商品」についてもどうでしょうか？　贈る側と贈られる側の双方を顧客と捉えるべきでしょう．また，大学の顧客についても，大学の顧客は実は学生ではなく(そのように誤解している大学も多々見受けられますが)，その学生が就職する企業，もっと広く言えば社会です．品質の良し悪しとは顧客のニーズをいかに満たせるかにかかっているわけですから，企業や社会から求められる人材をいかに輩出できるかが大学の品質であり，その代表的な指標として就職率や企業からの推薦枠数などが考えられます．

「顧客は誰ですか？」の問いかけは，B to C ビジネスだけでなく，B to B ビジネスにおいても同様に考えられます．例えば，部品メーカーにとって顧客企業の購買部門と設計部門とでは求められるものが大きく異なることが多いでしょう．ある顧客企業で購買部門が絶大な決定権をもっているとすると，購買部門のキーパーソンを特定してそのニーズを把握し応えることが必要です．ニーズの例として，価格はもちろんのこと，納期遵守，供給の継続性，小ロット・少量発注や急な発注への対応柔軟性などがあり得ます．一方で，設計部門が購買の決定権をもっているのであれば，その部品の機能・性能，耐久性，部品寸法の公差の狭さ，試作部品への対応スピードなどがニーズとしてあり得ます．

さらにいえば，B to B to B to C の場合であれば，顧客企業のさらに先の顧客企業から，使用する部品メーカーを指定することもあります．この際には，当該部品メーカーは自社の製品を納入する顧客企業ではなく，その先の顧客企業から指名してもらえるように，そのニーズを把握して満たす必要があります．

以上の話に加えて，より広く地域・社会を顧客と考えることもできます．すなわち，企業が作り出した製品・サービスが使われ，廃棄される際に影響を受ける人々も，顧客の一部と考えて商品・サービスの企画・設計を行わなければならない場合もあります．皆さんもお聞きになったことがあるかもしれませんが，「社会的品質」という概念のことです．この考え方は，公害問題が発生した 1970 年代に広く世間に広がりました．

先ほど例に挙げた自動車を使用することによって出る排気ガスについては，大気を汚染させ，地球環境問題を悪化させる原因と指摘されています．購入者の中には，排ガスを気にせず，安くて走行性能が高ければよいと考える方もいるかもしれませんが，現代の社会・世の中の風潮としてそれは許されず，自動車製造会社は少なくとも排ガス規制に適合した車を提供する義務があるのです．

つまり，顧客は誰かと一見してわかってつもりでもそうではないこともあるため，顧客のサプライチェーンという視点から，自社の製品・サービスの採否を決めている最も重要視すべき顧客は誰か，求められているニーズは何かについて，改めて明確にしたほうがよいでしょう．

誤解2

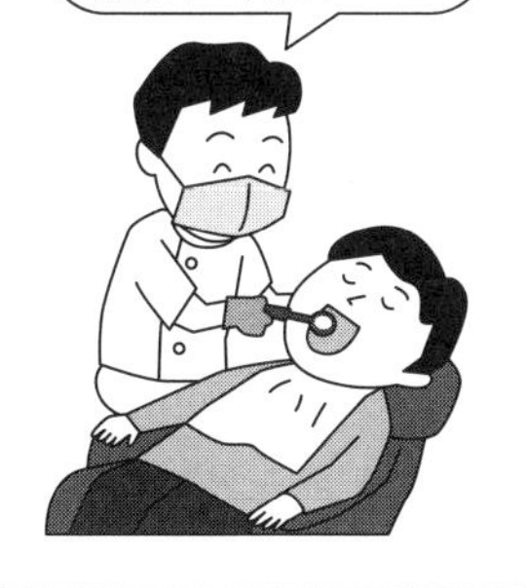

品質の“品”は “しなもの”のことですよね

2度の体験から

本章で取り上げるのは，そもそも「品質」および「品質管理」が対象にしているもの，対象にしている領域に関わる極めて基本的な考え方についての「誤解」です．

「「品質管理」でいう「品質」とは，そもそも「品物(しなもの＝製品・商品)」の「質」である．「品質管理」という考え方も，「品物」の質を管理するという製造業の手法であって，サービス業などの非製造業にはなじまない…」，こんな声を耳にしたことがあるでしょうか．私は，これまでに2度，このような意見・質問に出会ったことがあります．

1度目は，2004年．小売業でISO 9001導入プロジェクトの事務局を担当していたときのことです．プロジェクトメンバーである店舗部門の責任者から「品質マネジメントの考え方は小売業になじまないのでは」という趣旨の意見が寄せられました．プロジェクトでの議論が進むにつれ，このような「誤解」は解けましたが，この種の受け止めは店舗部門だけのものではありませんでした．

2度目は，それから12年後です．2016年から1年半，高齢者福祉事業のマネージャー対象にマネジメントシステム勉強会(品質・環境・労働安全衛生など)のお手伝いをしたときのことでした．第1回勉強会後のアンケートに「品質向上ということは，福祉の仕事ではサービスの質になるかと思いますが，製品や商品という物体と，感情に左右される人に対してのサービスの福祉とでは大きな違いがあると思います」という意見がありました．1年半の勉強会を通じて，このマネージャーをはじめ勉強会メンバーはマネジメントシステムのファンになってくれましたが，スタート地点では「製品のマネジメントの考え方を高齢者福祉に導入するのは無理があるのでは」という不信感のようなものが少なからずあったようです．

本書の読者の皆さんの組織が，非製造業であるとか，品質マネジメントシステムの運用歴が浅い場合には，もしかしたら，同様の「誤解」があるかもしれません．ということで，このテーマについて考えていきます．

「品」は「しなもの」に非ず

1 辞書には品物の性質と書いてあるけれど

残念ながら辞書を引くと，例えば『広辞苑』には「品質：品物の性質，しながら(注：品物の性質のよしあし)」と書かれています．関連して,「品質管理：製品の品質の安定化及び向上をはかること」とも書かれており，これだけを読むと，先に紹介した意見は「誤解」ではなく正鵠を射たもの，ということになりそうです．おそらくは「品質」という用語が，製造業で生まれ育った「品質管理」の中で主に使用されてきたことが，辞書の記述に反映されたのではないかと思われます．しかし,「品質」は「しなもの」の「質」として登場した言葉ではありません．そしてまた,「品質管理」は形ある「製品」に限定された管理手法ではありません．

そもそも“quality”とは，何かを他と比較する際の「基準」のようなものを意味しており，品物の質という意味を含む言葉ではありません．「哲学」,「科学」,「真理」など多くの訳語を考案したことで知られる西周(にしあまね)は，“quality”

の訳語を「形質」としました(三省堂『大辞林』).“quality”の訳語に「品質」を使用したのは1888年に発行された『和訳英字彙：附音插図』という辞書が最初ですが，そこには，「本性，本質，品質，本性，特質，品位」などの訳語が記載されています．

② 「品」は値打ち・ひんを表す

また，「品」という字は，「品物」だけを意味するものではありません．「品」という字は，口(しなもの)を3つ並べることで，区別・整理された多くのものを意味しており，転じて，しなわけ(類別)やものの値打ちを意味するようになったとのことです．したがって，「品」には大別して，「しな，しなもの(例：商品・物品)」という意味と，「そのものに備わっているねうち，ひん(例：人品・品位・品格)」という意味とがあります．

ついでに，「質」とは，貝(財貨を表す)と斦(定めることを意味する)とからなり，“金銭に相当するもの(例：しち)”とか“金銭に相当するものをはかり定める”というような意味から“根本，生地”などの意味をもつようになった，とか，「鼎(てい)，(かなえ)」の省略形である「貝」と，2つの斧を並べた形の「斦(ぎん)」とから成っており，「鼎」に「斧」で文字を刻むことから“銘刻して約束すること”，“約束の基本になるもの＝本質”の意を表しているなどの説があります(言葉の由来は，角川書店『角川新字源』，平凡社『常用字解』をもとに記述しています)．

要するに，“quality”を日本語に翻訳するにあたって，「そのものに備わっているねうち」を意味する「品(ひん)」と「内容，中身，実体」などを意味する「質」という2つの言葉を重ね合わせて「品質」という訳語が作られたのです．「品質」の「品」とは，「しなもの」に由来したものではありません．

ニーズ・期待をどの程度満たしているのか

1 品質管理における「品質」とは

次に，品質管理における「品質」が何を意味しているか，ISO 9000 シリーズに即して考えていきます．

3.6.2　品質（quality）

対象に本来備わっている特性の集まりが，要求事項を満たす程度．

3.6.1　対象（object）

認識できるもの又は考えられるもの全て．例　製品，サービス，プロセス，人，組織，システム，資源

3.10.1　特性（characteristic）

特徴付けている性質．

3.6.4　要求事項（requirement）

明示されている，通常暗黙のうちに了解されている又は義務として要求されている，ニーズ又は期待．

（JIS Q 9000：2015「品質マネジメントシステム－基本及び用語」より抜粋，下線は筆者）

以上を踏まえて言い換えるなら，「品質」とは，「あるもの（有形・無形を問わず）について，顧客・利害関係者・法令などのニーズ・期待をどの程度満たしているかをとらえたもの」ということになります．

したがって，当然のことながら「品質」は有形の「製品・商品」に限定されるものではありません．また，「品質」は事業者が提供する製品・サービスに限定されるものでもありません．

2 品質はすべての組織・人に関わる問い

企業や個人が供給する製品・サービスであれ，行政や非営利組織が提供するサービスであれ，組織や個人が他者に提供するすべての物品・情報・行為などについて，「それが社会的ニーズ(顧客・利害関係者・法令など)に見合っているか否か」は，最初に問われるべき問題です．この意味で，「品質」はすべての組織・個人にとって「根源的なテーマ」に他なりません．

この「顧客・利害関係者・法令などのニーズ・期待に見合っているか」という問いには，さらに別の深淵なる意味が隠されています．本書の編著者である飯塚悦功先生は次のように指摘しています．

> それは，品質の良し悪しは外的基準で決まるということである．製品・サービスの提供側から見て，その受け取り手という外部の価値基準によって決まるということである．目的志向といってもよい．製品・サービスの提供にあたって，外的基準に適合する目的のためにすべての行動がなされるべきであるということが示唆されている．自分の勝手な価値観でなく，目的に照らして自分の活動が妥当かどうか判断するという行動様式が推奨されている．品質管理が，広範囲に適用される理由の一つは，品質がもつこのような基本概念にある．
>
> (飯塚悦功：『現代品質管理総論』，朝倉書店，2009より)

なお，このような品質の定義や，それがもつ意義については，超ISO企業研究会のメルマガの第2シリーズ「基礎から学ぶQMSの本質」で，本書の編著者である金子雅明先生が解説しています．このメルマガは，超ISO企業研究会のウェブサイト(下記URL)で閲覧できますので，ご一読ください．

https://www.tqm9000.com/

サービス業における品質課題の難しさ

① レストランの品質課題は何か

「品質」は，製造業・サービス業を問わずすべての組織にとってのテーマです．とはいうものの，サービス業など非製造業の品質を考える場合には，製造業とは異なる「難しさ」が伴います．製造業であれば，顧客に提供するものは「製品」であり，実現・解決すべき品質課題は「提供する製品がニーズ・期待に応えるものであること」です．では，例えばレストランの品質課題は何でしょうか．

「提供する料理(味・外観)がお客様のニーズ・期待にかなうものであること」はもちろんですが，それだけではありません．接客応対が親切・丁寧であるか，食器やテーブルなどは料理にマッチしているか，料理が提供されるまでの時間は適切か，店内の清潔さへの配慮は行き届いているか，従業員の身だしなみは清潔か，食品安全は基準に適合しているかなどなど，自分たちが提供しているサービスを構成する要素は何かを特定するとともに，それらの要素に対して，「顧客・利害関係者・法令などのニーズ・期待は何か，自分たちはそれをどのレベルで実現するのか」を明らかにして，それを確実に実現し続けるための仕組みを確立・実施・維持することが求められます．

② モノの品質とは異なるサービス品質の特殊性

問題はサービスの構成要素の多さだけではありません．「サービス」には「モノ」のような形がなく，あるべきサービス品質を物理的特性として設定・測定することが困難であり，“顧客がどのように受け止めるか”に基づく基準設定が求められます．また，「サービスの生産(提供)」プロセスが，そのまま「顧客によるサービスの消費(享受)」プロセスとなるため，サービスは，「事前の検査によってよいサービスだけを選別してお届けする」ことも，「繁忙期に備えてサービスを在庫しておくストックする」こともできません．

さらに，サービスは「人」による影響が大きく作用します．例えば，接客サービスの場面で，同じ「動作」・同じ「言葉」で応対したとしても，「サービス提供者」や「受け手(お客様)」が異なれば，結果としてお客様が受けとめる「サービスの品質」には「違い」が発生しがちです．

以上のことから，サービス業における「品質」は“人という要素”に負うところが大きく，製造業と比較して品質管理のための仕組み作りは遅れています．しかし，いま，肝心の「人」という要素において，担い手の世代交代，人手不足，要員の外部化などの変化が急速・大規模に生じています．人の力に負うところが大きいサービス業だからこそ，品質管理の仕組みを確立できなければ，変化に対応することは困難です．

“品質管理は製造業の手法”という誤解の背景

1 実現すべき品質は明確か

本章の冒頭で，「品質管理という手法は製造業のものであり，サービス業にはなじまない」という「誤解」があることを紹介しました．いうまでもなく，品質管理の仕組み・考え方は，製造業で生まれ，製造業の中で育てられたものですが，形ある製品の品質管理だけでなく，サービス業をはじめ，あらゆる組織・個人が提供する有形・無形のアウトプットを管理するための優れた方法論です．それなのに，このような「誤解」が生まれる背景には，“自分たちがサービスとして何を提供しているのか”，“そこで実現すべき品質は何か”，“どのようにしてそれを実現するのか”を，組織として明確にできていないという問題があるように思われます．

前述のように，レストランで提供されるサービスとは，料理そのものだけでなく，接客応対，施設の清潔さや従業員の身だしなみなど多様な要素で構成されています．めざすサービス品質を明らかにするためには，自分たちがお客様などのニーズ・期待に応えるために，どの要素に対して・どのように・どのレベルで対応するのかを決定しなければなりません．サービス業であるなら，当然，“よいサービスを提供する”という「目的」は掲げているでしょうが，では，それは具体的に，どのサービス要素についてどのような状態を実現することなのか，私が知る限りそれを「見える化」・「共有化」できている組織はそれほど多くはないと思います．

2 目的が明確にならなければツールは使いこなせない

品質管理とは，ニーズ・期待に応える品質を実現し続けるための方法論であり，品質管理における「管理」とは，目的を継続的・効率的に達成するためのすべての活動を意味しています．サービス業において達成すべき目的(実現すべき品質・そのために解決すべき問題など)が明らかになっているならば，そのために活用すべき「道具」(優れた考え方・手法)が品質管理の歩みの中で開発・蓄積されています．しかし，「目的」が定まらなければ「道具」を選ぶことも有効活用することもできません．言い換えれば，自分たちが何を実現するのかが明確でなければ，“品質管理という手法はなじまない”と思うのは当然のことでもあります．

「個々人の知識・技術」任せにしない

1 固有技術の可視化・構造化・体系化が遅れている

先ほど紹介したメルマガで，飯塚先生が，非製造業への品質管理適用が成功していない原因について以下のように指摘しています．

> 日本の品質管理の歴史において，製造業以外への適用は必ずしも大成功とは

いえなかった．その理由は，固有技術の可視化・構造化・体系化のレベルが低かったことにあると解釈できる．
（超ISO企業研究会メールマガジン「基礎から学ぶQMSの本質　第8回技術と管理のどちらが重要か」より）

「固有技術」とは，「提供する製品・サービスに“固有な”技術」，「製品・サービスに対するニーズにかかわる知識・技術，製品・サービスの設計にかかわる知識・技術，実現・提供にかかわる知識・技術・技能，評価にかかわる知識・技術・技能など」（上記メルマガより）です．サービス業の場合，例えばサービスの設計や提供に関わる知識・技術は各自の個人技（暗黙知）で進められる領域が多く残されています．

自分たちがどのような手順でサービスの設計や提供を進めるのかが組織として確立されていなければ，例えば，教育・訓練のレベルも指導にあたる個々人によってばらつきが発生します．また何らかの問題（事故・トラブルなど）が発生した場合，どのような手順で作業するのかが組織として未確立（＝人によって手順が異なる）であれば，原因を正確に特定して「組織として適切な処置をとる」ことは困難です．

事故の再発防止処置を確認したら，原因として「作業者の自覚や力量の不足」のみが強調され，再発防止処置として実施されるのは「教育・訓練」だけ….内部監査のお手伝いをしていると，こんな事例にお目にかかることがめずらしくありません．

2　中身のない骨組みだけのシステムになっている

固有技術が可視化され，形式知として確立されていない品質マネジメントシステムには，教育・訓練の仕組みはあっても，その仕組みを通じて教育すべき仕事の手順は整理されていません．監視・測定のルールはあっても，各々のプロセスの基準（あるべき姿）が確立されていません．したがって，問題が発生しても，問題を正確に特定する(あるべき姿からの乖離の明確化)ことも，その原因を明らかにし，再発防止を行うことも困難です．

品質マネジメントシステムが「中身のない骨組み」であり，いわば「仏作って魂入れず」状態なのです．残念ながら，サービス業がISO 9001認証にあたって導入・運用している品質マネジメントシステムの中には，このようなものが少なくないと思われます．

前項で述べた「達成すべき目的・実現すべき品質が組織として確立できていない」という問題に加えて，「サービス提供に関わる固有技術が十分に見える化できていない」という状況を放置して，品質管理のどのような手法を導入したとしても，当然のことながら十分な効果は期待できないでしょう．むしろ，貴重な資源を投下して，仕事の役には立たない文書類などの「仕組み」を作るだけの逆効果に終わる危険性もあります．「品質管理はサービス業にはなじまない」という意見には，このような状況下での「導入・失敗体験」も少なからず影響しているのではないでしょうか．

品質とは，品質管理とは，の再確認を

品質とは，自分たちが提供する製品・サービスが顧客・社会(利害関係者・法令など)のニーズ・期待と合致しているかを意味しており，品質管理とは，自分たちが実現すべき製品・サービスの品質・そのために解決すべき課題などの「目的」を定めて，「そのための効果的な達成手段を考えて，それを確実に実現する」ことでした．

先ほどから紹介しているメルマガ「基礎から学ぶQMSの本質」では，品質管理の歩みの中で確立された7つの原則(PDCA，重点志向，プロセス志向，標準化，事実に基づく管理，現状維持と改善，人間性尊重と全員参加)や運営管理，品質保証やクレーム処理などの方法論について詳細な解説がなされています．

しかし，それらの原則・方法論が活用されるためには，当然のことながら，自分たちが提供する製品・サービスにおいて実現すべき品質とそのために解決すべき課題の明確化が必要です．

ISO 9001の2015年改訂では，「品質マネジメントシステムの意図した結果」が強調され，「品質マネジメントシステムがその意図した結果を達成することを確実にする」ことがトップマネジメントへの要求事項として掲げられました．マネジメントとは，そもそも何らかの意図を実現するための行為であるにもかかわらず，この“当たり前のこと”が要求事項として明示される背景には，当たり前に実行されるべき「実現すべき品質とそのために解決すべき課題の明確化」が必ずしもなされていない現状があるということでしょう．サービス業の場合はなおさらです．

品質とは，有形・無形を問わず自分たちが顧客や社会に何を提供するのかに関わる問いであり，品質管理とは，自分たちが実現すべきことを確実・着実に実現し続けるための営みです．本章のしめくくりに，このことを再度確認したいと思います．

誤解3

「顧客満足」のため，とにかくお客様の言うとおりにしよう．いや素人であるお客様の言うことなんか聞いていられない

品質論の原点としての「顧客満足」

品質論の最初には必ずといってよいほど「顧客満足」,「顧客志向」の説明がなされます．そして，その思想を基本とする品質中心経営，品質至上主義こそが，財務的にも成功する条件のようにいわれます．

さらに,「品質の良し悪しは顧客が決める，それはとりも直さず提供側から見れば外的基準でコトの良し悪しが決まることを意味し，目的志向の考え方に他ならない」ということで，組織的な目的達成行動において最も重要な「目的志向」の思想を浸透させる有力な方法になる，とも説明されます．

私は，品質管理を学び始めた初期に，品質とは「顧客(使用者)の満足度(customer satisfaction)」,「使用適合性(fitness for use)」であり，品質の良し悪しはお客様の評価で決まり，提供する側の評価で決まるものではない，と教えられました．こんなことは品質管理の基本，品質論の原点で，私は，それこそ何の疑問もなく「品質とは顧客満足である」と信じてきました．「顧客満足」は正義である，とも教えられ，そう信じてきました．

でもあるとき，それがなぜ正しいのか，正義なのか，と問い詰められるという経験をしました．それは20年近く前の，ある医療従事者との対談のときでした．

対談の相手は，エイズ(HIV)治療のある女性コーディネータです．当時は，まだ製薬業界が治療薬の開発に血道を上げているときでした．命に関わる病気で，患者は経済的にも社会的にも弱者が多く，国としても医療提供者との通訳兼ソーシャルワーカーを設けて支援の手をさしのべていました．その彼女がある雑誌の対談で，私に「なぜ顧客満足なのか」と聞くのです．

彼女は「医療において顧客とは患者ですね」と確認します．医療における顧客はいろいろ考えられますが，まずは患者と考えてよいでしょう．患者の家族，代理人，はたまたこれから患者になるかもしれない地域住民も顧客と考えられますが，第一義的な顧客は患者と考えられます．それを踏まえたうえで，彼女は，医療には大きな情報格差があって，その顧客は医療のことをほとんど知らないけれど，「それでも顧客満足は正しいのか」と聞くのです．

ちなみに「情報格差」とは，文字どおりもっている情報に大きな差があるということ，つまり医療について，患者である顧客側より医療提供側のほうが断然よく知っているということです．医療の素人である患者が，要望することに一貫性がなく揺れ動く心そのままに気持ちを変えて，時に大声で勝手なことを言ったりするけれど，どうしてそんな人が満足するようにしなければいけないのか，と聞くのです．挙げ句の果てに，彼女は，患者さんの中には「苦しい．殺してくれ」という人がいますが，望みどおりに殺してはいけないのですよね，なんて意地悪なことまで聞いてきます(きっと私はイジメがいがあったのでしょう)．

よく考えてみれば，情報格差があるというのは医療に限りません．通常の製品・サービスのほとんどは，その品質の良し悪しについて，提供側のほうが正しく判断できるのではないでしょうか．それでもなお，顧客を尊重しなければならない理由はどこにあるのでしょうか．顧客満足，顧客志向，顧客重視が「正義」である理由は何なのでしょうか．

「顧客満足」についてのさまざまな意見

「顧客満足」という理念は，頭では理解できるような気がしますが，現実に製品・サービスの企画・設計・開発に従事する方々や，競争環境のなかで事業運営をしている経営管理者の方々にホンネを伺ってみると，ことはそう簡単でないことがわかってきました．いくつかの機会を捉えて，こうした方々のホンネを伺ってみたところ，**図表 3.1** に示すように，顧客満足支持派と懐疑派に分かれることがわかりました．以下では，支持派と懐疑派の具体的な意見を見ていきます．

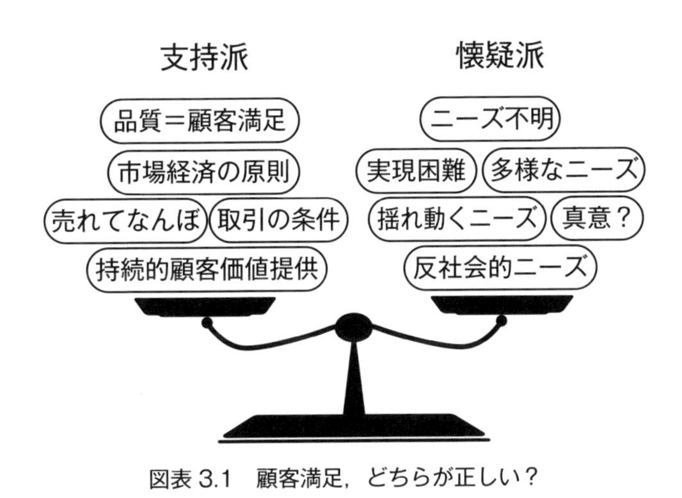

図表 3.1　顧客満足，どちらが正しい？

1 「顧客満足」支持派の意見

「顧客満足」支持派としての意見は以下のとおりです．

- 製品・サービスを買ってくださるのはお客様だ．売れてなんぼの世界でお客様の意向を尊重しないという選択肢はあり得ない．
- 製品・サービスを提供してその代金をいただくというのは取引だ．取引が成立するためには売り手・買い手の双方にとってWin-Winの関係が成立していなければならない．そのためには，まずは買い手に満足していただかなければならず，顧客満足はいわば前提条件だ．

- 市場経済における競争環境において提供する製品・サービスを買っていただくためには，価格，提供タイミングを含めた広義の品質が広く受け入れられるものでなければならない．競争に勝つためにも事業の軸足を顧客満足に置かなければ話にならない．
- そもそも事業とは，所与の経営環境条件において顧客に価値を提供することによって対価を得て，その対価を原資に引き続き価値を提供していく持続的顧客価値提供というべきものだ．その原点が顧客満足にあるのは当然だ．

「顧客満足」懐疑派の意見

それに対し，懐疑派としてはこんなことをおっしゃいます．

- 顧客満足というけれど，顧客が表明するニーズはあてにならないし，正しいとも限らない．例えば，公序良俗に反するような反倫理的(反社会的，反道徳的)ないわば邪悪なニーズというものがある，反倫理的以外にも非論理的なニーズ，矛盾するニーズを表明する顧客もいる．
- 顧客が自身が自分のニーズとして口に出して言っていることが真意かどうかわからないときもある．建前とホンネとでもいうのか，真意を読み取るのが難しいこともよくある．
- 欲しいものを言ってくれるのはまだよいほうで，自分のニーズがわかっていないのではないかと思われることがある．または，何か言っているのだが，何が欲しいかよくわからないこともある．
- 顧客満足という考え方が正しいとしても，簡単には対応できないという状況もある．例えば，ニーズがコロコロ変わることだ．自分というものがなく流行を追っているだけと思えるときもあるし，逆に自分のニーズに正直というか敏感で，使われ方によってニーズが変わるとか，価値観や嗜好の変化で変幻自在ということもある．いま表明しているニーズに応えたとしてもすぐに変わってしまうのではないかとかとの恐れがあり，にわかには信じられない．

- ニーズが多様で，それらすべてにどう応えるべきかという難しさもある．最近では「個客」といって一人ひとりのニーズに応えることが重要といわれるが，そんなことをしていたら価格が高くなってしまい，製品・サービスの総体的な価値が下がってしまうかもしれない．適度なマーケットセグメントを想定して企画しなければならないのだが，そう簡単ではない．
- どのようにしてニーズに応えるかという実現可能性ともいうべき難しさもある．現在の技術レベルでは実現が困難なニーズもあるし，逆に簡単に対応できるのに，実現が難しいのではないかと顧客のほうが変に斟酌してニーズを言わないこともある．

3　意見が割れる背景・理由

実にさまざまな意見が出てきて，とても興味深いものでした．しかも，語ってくださった方々は「顧客満足」の真意をそれなりに理解しつつ，こんな考え方もできると，それぞれが支持派と懐疑派の双方の帽子をかぶりながら，いわば一人ディベートのような形で双方の立場での意見を言ってくださいました．本誤解のテーマはまさに，このような支持派と懐疑派の双方の揺れ動く心のあり様を表現したものといえるでしょう．

このような両論が出てくる背景には何があると思いますか．それはたぶん，製品・サービスを通して価値を提供する側と，その価値を受け取る側とでは，その提供される価値について考えるときの軸足が異なるからに違いありません．すなわち，提供側は製品・サービスの実現手段(製品・サービス仕様)のレベルで考えるのに対し，顧客はその製品・サービスの使用適合性で考えるということです．

品質とは「使用適合性」と簡単に言いますが，使用する状況はいろいろですから，状況に応じてニーズが変わるのは当然です．何が好ましいと思うかは顧客によっても異なるでしょう．使用してみて初めて何を望んでいたか認識できることだってあるかもしれません．一言でニーズと表現していますが，こだわっているニーズもあれば，大して重視していないニーズもあるでしょう．

提供側からすれば，どの顧客のどのニーズ表明を信ずるべきか難しい判断を要求されます．提供側はニーズを実現する手段・方法を考えて製品・サービスの仕様を決めなければなりませんが，ニーズと実現仕様の間の関係は線形的・連続的・明示的であるとは限りません．顧客から見て簡単に思えるニーズを実現することが非常に難しいことも，逆に難しそうに思えるニーズを充足する手段が簡単なこともあります．しかも顧客のニーズが正しいは限らないとの懸念もありますし，過去に裏切られたり肩透かしを食った苦い経験があったりします．

4 さて正解はどちら？

支持派と懐疑派のどちらが正解なのでしょうか．どちらにも一理あるように思えます．どちらも少し考え直したほうがよいのではないかとも思います．どうやら，丸く収める結論は，以下のような原則を認めることのように思えます．

【原則 1】 事業とは持続的顧客価値提供であり，これを市場経済において運営していく限り，「顧客満足」という考え方は正しい．
【原則 2】 事業の持続的成功のためには妥当な利益が必須であり，顧客ニーズの見極め，ニーズ実現手段の合理性，顧客ニーズの多様性やニーズ変化への対応などが必要となる．

以降では，【原則 1】が妥当であるという論拠を説明し，それによって「支持派」の主張が正しいことを確認し，またそうはいっても【原則 2】にあるようにさまざまな考慮が必要であることから，「懐疑派」の懸念に対しどのように対応すべきか考えていきます．

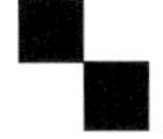

顧客満足は正義なのか？

本章の冒頭で紹介したエイズ治療のコーディネータに，「なぜ顧客満足は正しいのか」と問い詰められた話について，その顛末を説明しておきます．

私は最初，顧客満足とは「プロである医療提供側が患者の真のニーズを斟酌すべき」という意味だ，と受け流そうとしました．プロとして，顧客満足と語っていることと，顧客満足に関して心の底で思っていることの違いがわからなければダメだ，とも言いました．顧客満足というのはお客様に迎合することではなく，お客様の言動から「この人はどんなことを望んでいるか」ということを斟酌してその期待に応えることだ，なんて逃げを打ちました．

その賢い(そして少し意地悪な)エイズ治療のコーディネータは納得しませんでした．それにしてもなぜお客様優先なのか，なぜ正しい判断ができないかもしれないお客様の意見を尊重するのか，と素直に食い下がってきます．私は答えに窮してきました．生放送の対談でなくて本当に助かりました．

こういうときは，舌鋒鋭い方の頭の中に構築されている論理の鎖を断ち切る“奇策”に打って出るしかありません．いきなり拍手をして，どちらの手から音が出たかと聞いたのです．場面がガラッと変わって，「何が始まるの？」と驚きます．それが付け目です．

そこで，禅問答を知っていますか，と聞きました．「双手を打ちて隻手の声を聞く」，両手を打って，片方の手の音を聞くという禅問答がある，と言いました．禅問答では公案といいますが，このお題は，物事はすべて１つでは成立しないとか，ものの見方は多面的だとか，いろいろディベートできるのですよ，とまずはこちらのペースに引き戻しました．実は，こんな公案があるかどうか確信がなかったのですが，その場の状況を転換するために方便に使いました．

そして，こんな禅問答もあります，と言って「誰もいない森で木が倒れて音がした．それを音がしたといえるか」という公案を持ち出しました．この問答の意味は，たとえ誰もいなくても，絶対的な存在とか絶対的な真実，事実というのがあるという考え方もあれば，誰かに認知，認識されていなければなきに等しい，意味がないという考え方もある，つまりは絶対的認識論，相対的認識論についてのお題だ，と説明しました．

20世紀最高の経営学者ドラッカー(Peter F. Drucker)の書籍を読んだ方は，微かに覚えていらっしゃるかもしれません．あの原書800ページにも及ぶ*Management*という大部の本の38章だったか，確か「コミュニケーション」という章の冒頭のつかみにこの公案が使われていました．その章の趣旨は「情報とは意味のあるデータ(事実)」ということです．

そのうえで，エイズ治療のコーディネータに「品質とは何でしょう？」と問いかけました．品質とは，製品・サービスなどを通した価値の移動があったとき，その価値の良し悪しについての評価と考えられます．顧客満足が正義であるという論拠のミソは「取引」にあると言いました．

取引において価値が移動します．取引は，価値の受け取り側が「ウン」と言わなければ成立しません．だから認めてもらわなければ，そしてよいと言ってもらわなければ，話が始まりません．品質とはその価値に対する評価ですから，良し悪しはまずは受け取り側が決める，これが顧客満足の原理だ，と説明しました．禅問答との関連でいえば，品質論は，相対的認識論に立っているといえます．品質に絶対的なよさはない，それは相対的に認識されるものだ，ということになります．

エイズ治療のコーディネータの舌鋒鋭い質問への回答としては，正直に申し上げて少々苦しいのですが，こんなところでごまかしました．私自身，あんな風に説明しながらも，価値の受け取り側がどんなに愚かでも，裸の王様でも，心変わりが激しくても，それでもその評価を尊重しなければいけないというのは，イマイチ納得できないなぁ，なんて密かに思っていました．

だって，よくわかっていないことによる無茶な要望，公序良俗に反するニーズなどに応えるのは，それこそ社会正義とはいえません．私が東大での最終講義で品質について語ったとき，「エロ本とかポルノは品質がよいといえるか」，つまり一部の方が強く望もうと，それを提供することによって大きな満足を与えることができても，それで品質がよいとは言いたくないと申しました．講義後に，言おうとしていることはよくわかるがいかにも例が不適切である，と謹言実直な先生に一言いやみを言われました….

ここまで極端でなくても，表明するニーズの内容を頻繁に変えたり，矛盾する要望を平気で訴える方もいますので，「顧客満足」の意味を浅薄にとらえてはいけないとは思っています．

「顧客満足」の思想で重要なことは，とにかく受け取り側がどう思うかということを先に考えるべきだということです．提供側は，その種の製品・サービスについてのプロであり，その判断は正しいことが多いかもしれませんが，しょせんは提供側の論理に過ぎないと謙虚に考えるべきです．そのうえで，提供側が現実にどのようものを提供するかは，別の問題だと考えてもよいではないでしょうか．顧客の評価が提供側にとって納得のいくものでないというのであれば，提供側の見識をもって，「そうはいってもこちらでしょう」と誘導してもよいのではないでしょうか．

「とりあえずは，お客様がどう思うかを第一に考えることが重要だ」というのが顧客満足の真意であり，その意味でこれは取引における「正義」であると思います．一筋縄ではいかない，難しい正義ではありますが．

マーケットイン／プロダクトアウト

顧客の声に耳を傾け，顧客の行動を観察し，顧客のニーズを探りあて，そのニーズに応える製品・サービスを企画・開発・生産・提供すること自体は，品質論の原点であり，正しいことです．

しかしながら，それは「顧客の言うことに対応していればよい」ということではありません．それは顧客志向という思考・行動様式に対する表層的な理解といわざるを得ません．

そこで，まずこの原点となる考え方のもとになっていると思われる「マーケットイン／プロダクトアウト」について考えていきます．

1968年，ドラッカーが『断絶の時代』(原題：*The Age of Discontinuity*)というセンセーショナルな書籍を書きました．『断絶の時代』，それは実は，品質の時代の本格的到来の指摘でもありました．ドラッカーは，この本で，「技術，経済政策，産業構造，経済理論，ガバナンス，マネジメント，経済問題のすべてが断絶の時代に突入する」と述べています．

この変化は，マーケティングの分野では，「大量生産ベースの産業システム，投資設備中心の事業運営」から「顧客が求める価値を起点とした企業活動，事業ドメインの考察」への変化をもたらしました．まさに生産者の論理(プロダクトアウト)から，顧客・市場の視点(マーケットイン)への変化でした．

「マーケットイン／プロダクトアウト」は，品質分野ではなくマーケティング分野の専門用語です．

マーケットイン(Market-in)とは，市場(または顧客)の中に入って，市場のニーズを把握し，これらを満たす製品・サービスを提供することを言います．顧客志向，顧客第一の考え方に他なりません．これに対し，プロダクトアウト(Product-out)とは，製品・サービスの提供側の勝手な思い込みで作ったものを顧客に売りつけることをいいます．卸売・小売店への押し込み販売，市場の調査や分析抜きの製品・サービスの企画・開発・販売などがその例です．当然のことながら，マーケットインが推奨されています．

しかしながら，ビジネスを考えると，マーケットインというのは儲けにくいことに注意しなければなりません．市場が要求するものを提供しても儲からないことがあり，バカ正直にお客様の言うとおりのものを作っていたらダメだということです．

例えば，かつて私は，こんな「お人好しマーケットイン」会社を見たことがあります．あるシステムの一部の部品，ユニットを提供していて，それなりに品質がよく，対応もよかったので，「これも作ってくれないか」と，自社にとって必ずしも得意ではない分野の技術が必要な製品の提供を打診されました．売上が増えるので引き受けると，コスト的に合わない製品を提供しなければならなくなってしまいました．(何にでも食いつく)ダボハゼ商法の破綻です．

これは，お客様に望まれても，不得手な分野に手を出してはいけないという戒めです．プロダクトアウトというのは，押しつけには違いありませんが，自分が得意なもの，自分が技術をもっているものを売ることができるという面があることを忘れてはいけません．

いちばん儲かるのは，自分が得意なものが売れて，それをお客さんが喜んでくれることです．顧客ニーズ，そして自分の保有技術を考えて，得意ワザを活かして，顧客ニーズを満たす製品・サービスを探すべきです．だから，プロダクトアウトというより「コンセプトアウト」というべきかもしれません．お客様のニーズを斟酌しながら，「自分の得意ワザを使えばこんな製品・サービスになるのだが，これでいけるのではないか」と考えて提案するということです．

お客様が本当に望んでいるのは，このような製品・サービスではないでしょうか．特に専門メーカに期待するのは，専門的技術，将来の技術動向を踏まえ，かつ顧客のニーズの動向を踏まえた製品・サービスの提案です．成熟した経済社会においては特に，こういう売り方こそが成功への道です．

真の顧客ニーズへの対応

懐疑派の言い分はよくわかります．これが顧客というものの特徴だと達観したうえで，顧客満足の原則に従うにはどうすればよいか考えてみましょう．懐疑派の言うことを突っぱねてしまっては，その製品・サービス分野のプロとはいえないでしょう．素人である顧客の，時に勝手な言い分を尊重しなければならない立場にある製品・サービスの提供側がとるべき対応について考えていきます．

大原則は，顧客が素人であれ，裸の王様であれ，少し非常識であれ，世間知らずであれ，何であれ，そのニーズに応えるべきであるということです．ここで忘れてならないのは“そのニーズ”です．顧客が表明したニーズそのものということではなく，顧客の「真のニーズ」ということです．

反倫理的ニーズ

もし顧客のニーズが，社会通念に照らして正しいといえないと判断できるのであれば，これには応えるべきではないでしょう．公序良俗に反するとか，法律で禁止されているとかというほどではなくても，その種の製品・サービスの提供者の見識に照らして，正しいニーズといえないというのなら，説明し納得してもらい，正しい方向に誘導すべきと思います．納得してもらえないなら，提供する必要はないでしょう．いや提供すべきではありません．

どうしてもそのようなニーズに応えなければならない事業上の理由があるのなら，顧客がそのようなニーズをもつ背景要因，あるいは上位のニーズについて検討してみるべきでしょう．はぐらかすことになるかもしれませんが，よからぬニーズに真正面から応えるのではない賢さをもちたいと思います．

2 ニーズの自覚と表明

顧客ニーズを尊重することが正義であるにしても，懐疑派が指摘するように，それが頼りないことに変わりはありません．製品・サービスの提供側としては，どう対応すればよいのでしょうか．

まず，顧客が表明するニーズが，時に頼りにならない理由について考えます．第一に想定できることは，何であれ「自分のことは案外わからないものだ」ということです．自分が本当にやりたいこと，なりたいこと，自分の本当の望みが何なのかと問われて，よどみなく答えられる人はそう多くはないと思います．恥ずかしながら私自身もそうです．大きな買い物になりますが，車を買おうというときに，そのニーズを明確に述べることはできません．いい加減でよいということなら，「安くてよいものをすぐに」なんて言えますが，その「よいもの」とはどんなものか，と問われるとスラスラとは言えません．

なぜなのでしょうか．何かを感じていることは確かです．でも「うまく表現できない」ということはありそうです．適切な語彙を知らないというのもありますが，むしろ全体像を語れないということかもしれません．

それは，その製品・サービスを使う目的や状況がいろいろあって，どの目的・状況について何をどう考えればよいのかわからないとか，いくつかの目的や状況が考えられるとき，それら多様な目的・使用条件に対応して，全体としてどのような要求・ニーズをどのくらい満たせばよいのか，重要度を明確に言うことができないからかもしれません．そんなことで，ニーズがコロコロ変わってしまうとか，矛盾することになるのではないでしょうか．

顧客が表明するニーズが頼りにならない他の原因としては，「素人」だから，というのもあると思います．素人ゆえに，その種の製品・サービスに対するニーズの構造全体を知らないだろうし，異なる側面について言及しているニーズ間の関係，時に存在するニーズ間の矛盾，使用状況に応じた重要ニーズの相違などの全貌を理解していないから，自分が何を望んでいるのか明確に言えないのではないでしょうか．

何よりも大きいのは，ニーズとニーズ充足手段の関係についての理解が十分でないことがあると思います．これが悪いと言っているのではありません．製品・サービスの利用者というのものは多かれ少なかれそうだと言っているのです．だから，顧客は，現代の技術をもってしては経済的にとても実現できないような法外なニーズを表明したり，あるいは逆に素人考えでできそうにないと勝手に考えて表明しなかったりするのではないでしょうか．

私は，ソフトウェア開発において，そのような事例を多く見聞きしました．ニーズのレベルやタイプの変化と，それに応ずるために必要なニーズ充足手段の間には，連続的な関係は成立せず，顧客にとって些細に思えるニーズ・要求の追加が，その実現のために桁違いともいえる技術の難しさを必要とすることがあります．

真の顧客ニーズを，(頼りにならないかもしれない)顧客の言葉ではなく行動から見抜くというアプローチも重要です．その有名な例は，コニカがコニカミノルタとして経営統合するより前に「ピッカリコニカ」,「ジャスピンコニカ」として発売した，世界で初めてのストロボ付きカメラおよび自動焦点カメラです．顧客がこの種のカメラを要望したから開発されたのではありません．いずれも，写真の現像，プリントを行うラボでの観察結果より，顧客の潜在ニーズを発見し製品を開発したものです．

ラボを訪問して，現像・プリントされた写真の出来を調べてみると，露出不足，ピンボケが想像以上に多いことがわかりました．当時，自動露出カメラは多く出回っていましたが，自動であればこそ露出が十分であるかどうか確認せずに，カメラが対応できる露出範囲外でもあまり注意を払わずにシャッターを押してしまうようでした．例えば，夕方とか，日中室内でそのようなことが多いようでした．一方，特にスナップ写真などで，チャンスを逃すまいとあわててシャッターを押してしまうとか，ファインダー内の構図に囚われすぎて距離を正確に合わせるのを忘れることが多いようでした．

現在のデジカメより遥かに昔の話ですが，写真の出来栄えから写真に対する潜在ニーズを特定し，製品開発を行って成功した例です．

3 多様な顧客ニーズ

懐疑派は，ニーズの多様さ，ニーズの変化に対応することの難しさについても言及していました．顧客のタイプを認識し，それぞれのニーズの類型を認識し，それに応じた製品系列を企画するのは昔から行われていました．難しいのは，いくつに分けるかという点です．「個客」ということを表面的に受け止めて一人ひとりの顧客のニーズに合わせ仕様を変えていたら，相当に高価なものになりかねません．そこで見かけは変わっているが原理的には同じ手段・方法で実現するとか，ソフトウェアを利用して顧客がカスタマイズできるようにするなどの工夫をします．一人の顧客のニーズの変化への対応についても，同様の考え方である程度は対応できます．

マーケットが均一ではなくいくつかのマーケットセグメントからなり，そのそれぞれに適した製品を開発する必要があると考えている典型的な市場が自動車です．古くは，GM がＴ型フォードに対抗するために，最高級車キャデラックから大衆車シボレーまでを製品系列として揃えて成功しました．現在，乗用車に限ってみても，走りを楽しむスポーティ車派，燃費こそが重要で走りさえすればよいと考えるエコノミー車派，所有しているだけで満足するステータス・シンボル車派，後席の居心地を大切にする高級車派，車を夫婦と子供２人の生活の一部としているファミリー車派，余暇を楽しく過ごしたいレジャー車派など，十指に余るマーケットセグメントがあります．

顧客の多様さとして考慮すべきこととして，提供する製品・サービスのサプライチェーン，ライフサイクルの各過程に多様な顧客がいるということも忘れてはなりません．例えば，家電製品を考えてみてください．まずは買ってくれる顧客がいます．ところが街の電気屋の親父さん，修理する人，運ぶ人と，製品に関わるさまざまなところにもさまざまな人がいて，製品に対してさまざまなニーズをもっています．廃棄のことを考えると，社会，自治体，次世代もまた顧客と考えられます．どこで誰がどんな価値を見出し，「こっちがよい」と言うかわかっていないと，まともな商品企画，製品設計はできません．時に矛盾するかもしれない多様なニーズを同時に達成する，あるいはどのニーズを重視するか総合的に判断して製品・サービスの企画をすることが大切です．

B to B のケースで，部品・材料を納入する協力会社の顧客は納入先ですが，その納入先の誰が顧客なのか考えるのは，非常に教訓的な面白い問いかけです．納入先には，いろいろな部門，いろいろな人がいます．例えば，常に「5%下げろ」としか言わない叩きの購買部門，その部品を使う製造工程でトラブルが起きると困ると考えている生産技術者や生産ラインの管理者，部品の品質がよいと設計の自由度が上がり安心して使えると考えている設計技術者など，いろいろ考えられます．どの顧客のニーズを重視し，どのような企画をし，どのようなセールストークで売り込むか，このように考えると面白いと思いませんか．

4 ニーズ実現手段

懐疑派は，どのようにしてニーズに応えるかという実現可能性という難しさもあると指摘していました．実現が困難なニーズもありますし，逆に簡単に対応できるのに，実現が難しいのではないかと顧客の方が変に斟酌してニーズを言わないこともあります．

ニーズとしてはあり得るけれど，実現するのが難しいというとき，製品・サービスの提供側として留意しておきたいのは，顧客からの無茶・無謀に見えるニーズの背景・理由を分析し，適切に対応することの重要さです．

もし，本当に実現が困難であるのなら，その旨を伝えて応えられないと説明し，実現可能な方法によって，元のニーズに近いレベルに応えるとか，元のニーズそのものではないが近いニーズに応えるべきです．さらに，そのニーズが本当なのか，なぜそのようなニーズを表明するのかはその理由を考察すべきです．「苦しい．殺してくれ」という医療での例を前述しましたが，「苦しみを取り除いてほしい」というのが真のニーズであると受け止めるべきです．

このような考察においては，表明されたニーズを満たすときに実現できると想定される上位のニーズが何であるかと考えることは有益です．無理難題に思えても，それが実現できたときの状態をいくつか想定し，それを実現する手段を考察する過程で，新たな価値を創出できる可能性があります．

その昔，ある工作機械メーカの品質管理に関わったことがありますが，速くしてほしい，精度を上げてほしい，自動化してほしい，簡単に制御できるようにしてほしいなどと，いろいろ要求されますが，それによって何をしたいのか，要するに顧客の事業ニーズを理解することで，真のニーズに応える現実的な製品改善が可能になったことがあります．美しい言葉で表現するのであれば，「顧客のビジネスプロセスに付加価値を与えることができた」ということになります．

さて，いかがでしょうか．事業を営む限り「顧客満足」という思想は正義です．しかしながら同時に，その事業を持続的に成功裏に営んでいくためには妥当な利益が必須であることを忘れるわけにはいきません．その利益を確保するためには，顧客・市場のニーズに応えて得る売上(収入)と，ニーズを実現する手段・方法に必要な投資(コスト)の関係を理解していなければなりません．

ニーズを満たすという目的と，どのような手段・方法でどのようなニーズをどの程度満たすべきかという関係を総合的に考えなければ，それは事業すなわち持続的顧客価値提供とはいえません．顧客満足懐疑派の懸念の源はこんなところにあったのです．

市場原理の限界に挑む

「市場原理」は，自由な市場において，経済原理または他の利益誘導によって，自然淘汰で市場が望むものが優勢になっていくという原理です．顧客満足，顧客志向/顧客指向の正当性の根拠でもあります．

この原理によって，本当によいものが優勢になっていくためには，購入者・顧客など市場における意思決定者の鑑識眼が重要な条件になります．ところが，とかく顧客というものは裸の王様であり，正しいものを選ぶとは限りません．公序良俗に反する製品を求めるよからぬ市民が少なからずいることからも市場原理がいつでも最適とはいえません．市場原理のもう1つの弱点は，市場の意思が確かなものでなく，また変化するため，本当によいものに落ち着くのに時間がかかることがあるということです．

そこで期待されるのは，たぶん「提供者の見識」です．「たぶん」としたのは，提供者の見識を信頼できない場合も多々あるからです．しかし，市場や顧客の真のニーズを斟酌する見識ある提供者がいれば，よいものが提供され，それを利用する者の鑑識眼が肥えてきてよいものが大勢を占めていくというポジティブ・サイクルが成立すると期待できます．この方法が成り立つためには，提供者の見識そのものが鍵です．短期的・狭視野で，人を騙してでも儲けようと考える提供者ではダメです．長い目で見て，見識ある顧客，市場に受け入れられなければその分野の発展はない，と理解し行動できる提供者が必要です．

その他には，「指針・基準」あるいはBOK(Body of Knowledge：知識体系)」などで誘導することがあります．国家標準，国際標準はその一つの形態です．さらには，これを一歩進めた方法として認証・認定制度があります．指針・基準の存在に留めずに，それを基準として，公正・公平な評価能力のある者が評価して基準適合を公式に証明しようとする制度です．

もっと強力な方法が「法的規制」です．適合していなければ社会への提供が許されない，強制の評価制度です．これにより，邪悪の抑制，安全・安心の確保が可能となります．

社会全体の安全・安心の実現というものは，市場原理，経済合理性が適切に機能しにくいため，実は非常に難しいことなのです．人間の活動というものが，十分な技術的知識を備えた気高い精神を有する者によってなされるものならば，規制などは必要ありません．しかし実際には，安全や信頼性に悪影響を与え得る人々が，そのことに無知・無関心であることが多く，啓発が必要です．たとえこれらの危険を承知していたとしても，人というものは，悲しいことに，自己の短期的な狭い視野での利益のために，他人や将来を犠牲にすることができる生物種でもあります．しかも，安全でないことの影響は大きく，また取り返しがつかないことも多々あります．自由・平等，そして単純な市場原理を基礎とする自然淘汰が，常に正義であるとは限らないのです．

この状況を克服する一つの有力な手立てが法的規制です．実際，世界的に見て，「安全」は法律，規制によって確保されてきました．安全は経済合理性と整合しにくいものです．安全はコスト高を招き売上増には結びつきにくいことが多いものです．短期的視野に立てば，安全をないがしろにしたほうが利益をあげやすくなります．提供者の見識に頼っていては消費者や社会・地球を保護することができないとき，法制化・規格化によって，安全をある程度確保することができます．

安全・安心に関わる規制には，正義の強制(無知蒙昧や経済至上主義への対抗，致命的事象防止の保証など)，邪悪の阻止・抑制・抑止(罰・見せしめ・恥を通した抑止力)，社会・国民に対する公式の能力証明・説明(権威者の“お墨付き”による安心感の付与)などの意義があります．

これら規制の基準になりうることが多く，またよいモノ・よい方法に統一・誘導し，社会的規制を与える規格・標準もまた，関係者への啓発という意味で非常に有効です．実際，安全・安心社会の実現のための標準化は，「いのち」に関わる健康・医療・福祉，食品，「社会インフラ」としての通信，輸送，サービス，「文化」としての教育，知識に関わる分野において必要であり，大きな社会的意義があります．

顧客のニーズに応えること，あるいは市場原理は，基本的に正しいことです．しかしながら，そこには危うさがあり，また限界もあります．無定見に顧客に迎合することでも，顧客の意向を無視することでもなく，顧客志向を大原則としつつ，社会全体の最適化のためのさまざまな工夫をすること，これこそが「真の顧客満足」です．

誤解4

QC＝QA？
QC≠QA？？
QC≒QA？？？

品質管理と品質保証は同じことですよね

本誤解テーマが問いかけているように，「品質管理」と「品質保証」は同じなのでしょうか，または異なるのでしょうか．各社の品質関連部門の名称を見ても，品質管理と品質保証が混在しているようです．それぞれの会社は，意味の違いを認識して使い分けているのでしょうか．それとも….

この2つの経営機能の意味の相違，そして日本とISO 9000流の理解の相違，さらには「品質保証」とは何をすることなのか，原点に返って考えていきます．

日本における品質管理の進展と品質保証

日本の近代的品質管理は1949年に始まったといえます．日本は，戦後アメリカから品質管理を学び，SQC（Statistical Quality Control：統計的品質管理）をコアにした科学性を重視するとともに，これに管理における人間的側面への考慮を加えて，製造業を中心に熱心に推進してきました．

さらに，1960年ごろアメリカからTQC（Total Quality Control：総合的品質管理，全社的品質管理）という用語を学び，これを拡大解釈して1970年代には総合的な品質マネジメントに仕上げ，1980年にはGDP世界第2位の経済大国の基盤になったと世界の注目を浴び，工業製品分野における品質を中心とする総合的な経営アプローチと見なされるようになりました．TQCという用語を借りて，その内実を充実していったわけです．そして1990年代半ばには，欧米での呼称にならいTQM（Total Quality Management：総合的品質経営）と呼ばれるようになりました．

こうした日本における近代の品質管理の歴史の中で，「品質保証」という用語がブレークしたときがあります．それは1960年ごろのことです．そのころ，「品質管理のドーナツ化現象」といわれる現象が起きました．ドーナツ化とは，「中心がない」という意味です．製造業において熱心に品質管理を推進して10年ほどですが，品質抜きの品質管理が目につくようになって問題視されたそうです．すなわち，品質管理の手法を使って，原価低減，生産性向上，リードタイム短縮，在庫削減などの改善が盛んに行われるようになり，何とかしたいとの声が沸き起こったとのことです．

原価，生産性，リードタイム，在庫の問題は，元を正せば品質問題に起因することが多いですし，何であれ経営改善に貢献するなら，品質管理の手法を活用することが間違っているということはありません．しかしながら，真因である品質問題の解決というより，原価や生産性などの問題に直接的な影響を与えている要因を特定して改善を図るようなアプローチに対し，品質管理のあり方としてこれでよいのか，という問題提起があったのです．

品質管理は，品質を維持し向上することに中心を置く活動にすべきだ，という見解です．そこで，品質のための品質管理，品質中心の品質管理を進めようということで，「品質保証」という用語を使い始めました（**図表4.1**）．

そして，品質保証とは「お客様が安心して使っていただけるような製品・サービスを提供するためのすべての活動」を意味し，それは「品質管理の目的」であり，「品質管理の中心」であり，「品質管理の神髄」である，などといわれました．このため、顧客満足を達成するための品質保証活動が行われてきました．

日本において，品質管理は1960年ごろまではQC（Quality Control）と呼ばれていました．“control”という英語は監督，統制，管轄，制御というニュア

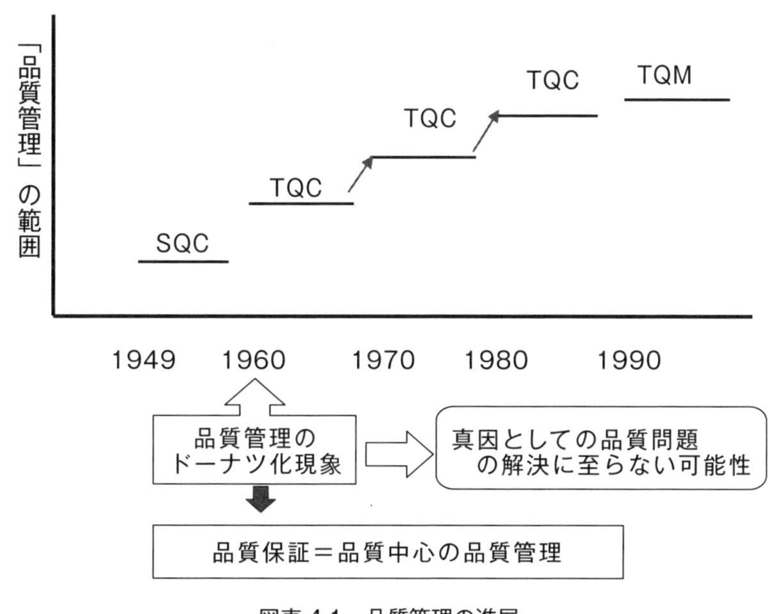

図表 4.1　品質管理の進展

ンスをもつ用語ですが，日本ではこの対応日本語の「管理」を効率的・効果的な目的達成活動ととらえ，むしろ英語での“management”に近いニュアンスで理解し，「品質管理」を進めていました．

品質保証は，上述したように，この広い意味での品質管理における中心的な活動，品質管理において本来目的とすべき活動，というような意味と受けとめてきました．

ISO 9000 の世界における品質管理と品質保証

ISO 9000 シリーズが普及し始めたころ，日本においてある種の混乱や誤解が生じました．日本の近代の品質管理の歴史や基本的な考え方について十分な知識がなく，ISO 9000 の世界こそが品質管理の本丸と思い込み，的外れの持論(≒暴論，誤った解釈)を展開する品質専門家と自称する方々も出てきて，善良な子羊たちを混乱させもしました.

ISO 9000シリーズ規格を審議するISO/TC 176のタイトルは,“Quality management and quality assurance”(品質マネジメント及び品質保証)です.なぜ,このようなタイトルとなっているか不思議に思いませんか.

ISO 9000シリーズ規格の初版が発行された1987年当時,規格には明確には反映されてはいないのですが,品質に関わる組織運営に関する用語として,Quality Management (QM:品質マネジメント), Quality Control (QC:品質管理), Quality Assurance (QA:品質保証), Quality Improvement (QI:品質改善)を取り上げ,

QM = QC + QA + QI

というような図式でこの四者の関係を説明していました.

その後,1994年改訂のときにはこれにQuality Planning (QP:品質計画)を加え,品質マネジメント(QM)の概念を

QM =品質方針+品質方針の実施

品質方針の実施= QP + QA + QC + QI

と整理しました.すなわち,品質マネジメント(QM)とは,品質方針,目標,責任を定め,それらを品質マネジメントシステム(QMS)の中で,品質計画(QP),品質保証(QA),品質管理(QC),品質改善(QI)によって実施する経営機能の活動であるとしたのです.ここで品質計画(QP)とは,品質目標,品質要求事項,QMS要素の適用に関する要求事項を定める活動をいいます.

いずれにしても,ISO 9000の世界の理解では,QA (品質保証)は,QM (品質マネジメント)の一部ということになります.

それではQC (品質管理)はどうなるのだ,となります.実は,QM,QP,QA,QC,QIという5つの用語の中で,日本が使ってきた同じ用語と意味が大きく異なるのは,QCとQAです.

前者のQCは,ISO 9000の世界では,抜取検査,デザインレビュー,手順書,内部監査などの,品質管理手法や品質管理活動要素というような意味です.上述したように,日本は相当早い時期に,品質管理をずっと広い概念と受

け止め，QCという用語を，ISO 9000でいうQMと同じような意味で使っていました.

ISO 9000が日本に導入された当初，このQMとQCの訳語に困り，QMを「品質管理」，QCを「品質管理(狭義)」などと言ってみました．当時は，QMを「品質経営」というのはおこがましいと感じたからです．時を経て日本語お得意の外来語をそのままカタカナ表記にする方法を採用して「品質マネジメント」を訳語にあて，繰り返し使っているうちに違和感がなくなり，今ではmanagementを「マネジメント」，controlを「管理」と訳すようになりました.

後者のQAとは，ISO 9000の世界では「品質要求事項が満たされるという確信を与えることに焦点を合わせた品質マネジメントの一部」という意味です．この意味の本質を理解するためのポイントは2つあります．第一は「品質要求事項」の意味です．そして第二は「確信」を与えるためには「実証」が必要，ということです.

「品質要求事項」とは，もちろん品質に関する要求事項ですが，その「要求事項」とは「明示されている，通常暗黙のうちに了解されている又は義務として要求されている，ニーズ又は期待」という意味です．すなわち，仕様などで合意されているか，常識的に満たすべきか，法的な規制に適合しているかであって，顧客の潜在ニーズに応えるとか，Customer Delight (顧客歓喜：顧客の期待を超える品質に対する喜び)などに関わるニーズ・期待は含まれていません.

確信を与えるために「実証」が必要という視点は，日本の品質管理には薄かったように思います．これから提供する製品・サービスについて実証しなければなりませんので，製品・サービスを提供するシステムが妥当であることを訴えなければなりません．「私たちはこういう仕組み，プロセスをもっているから大丈夫です．その証拠に品質保証体系図，プロセス仕様書があります．それらは，国際標準に準拠しています．そして，決められたとおりに実施しています．その証拠に記録があります．どうぞ見てください」というわけです．証拠を示すことによって「これからもずっとお約束したとおりの製品・サービスを提供できますので信頼してください．契約してください」，これがISO 9000でいう品質保証です．

品質管理と品質保証－日本とISOの理解

さて，本章のテーマに戻ります．上記で説明したように，日本やISOのこれまでの経緯を踏まえれば，品質管理や品質保証の相違がわからなくなってしまい，「品質管理と品質保証は同じことですよね」という反応を示すのは仕方がない面もあります．しかしながら，国際的理解において，この両者は異なると考えているし，国際的取引をするのであれば，その概念の相違を明確に理解しておいたほうがよいということになります．特に「品質保証」については，何が求められているのか十分に理解しておく必要があります．

上述のように，ISO 9000でいう品質保証(quality assurance)の意味は，日本での理解とはずいぶん違っていました．実際，ISO 9000が日本に入ってきたころ，少し混乱がありました．日本人が胸を張って，「わが社はスゴイ「品質保証」をしている」と言っても，欧米の人々には何を自慢しているのか通じませんでした．

日本人は，総合的な品質保証，品質管理，品質経営を自慢しているのですが，欧米人から見れば，品質保証をきちんとするとは，仕様どおりの製品・サービスを提供している証拠の提示みたいなものですから，こんなことは当たり前で，「いったい何を自慢しているんだ」となります．

日本での意味は，お客様との間で明示的に約束しようがしまいが，とにかく徹底的に満足させてやろうとすることです．ISO 9000での意味は，合意した品質レベルの実現です．真の顧客満足のためには，仕様どおりの製品・サービスの提供では不十分で，日本的な意味での品質保証のための品質マネジメントシステムを構築・運用すべきでしょう．そして，自慢するには，スゴイ「品質保証」ではなく，TQM，総合的品質経営，真の顧客価値提供マネジメントを実施していると訴求すべきでしょう.

ちなみに，顧客満足(customer satisfaction)という用語に対しても，日本人が感じるニュアンスと欧米人とのそれはかなり違います．ISO 9000における定義は，「顧客の期待が満たされている程度に関する顧客の受けとめ方」です．顧客がどう思っているかであって，満足のレベルには言及していません．日本では，相当高いレベルで満足した状態を示すと理解するに違いありませんが，ISO 9000の世界での意味はこれとは異なるのです.

そればかりではありません．“satisfaction”は，「満足」という語感より「充足」という感じで，native speakerにどのくらいsatisfyするのかと聞けば“just satisfy”という答えが返ってくるでしょう．例えば，形容詞の“satisfactory”は決して誉め言葉ではなく，優・良・可・不可の「可」の程度です．本当によければ“excellent”，“super”，“wonderful”などと言うに違いありません．顧客の期待をかろうじて超えた状態でも，顧客満足というのです.

それにしても，日本の品質管理の発展において，1960年当時の「ドーナツ化現象」の反省は貴重だったと思います．品質管理という方法論を勉強してきた人々は，このころ「この思想・方法論を原点に返って品質のために使おう．本当にお客様が喜ぶものを作っていくために使おう」と再確認したのですから．近代の品質管理の本格的適用の約10年目にして，品質回帰(原点回帰)のような現象が起きたことは素晴らしいことでした.

品質管理と品質保証の関係について，日本国内における取引や組織運営に限定したとしても，この2つの用語の概念の相違を理解し，使い分けたほうがよいと思います．品質管理(＝品質マネジメント，TQM)とは，品質を中核にした顧客志向の総合的マネジメントであり，品質保証とは，その中心的な目的であり，そのための固有の活動を意味する，と理解しておくのがよいでしょう.

その一つは，ISO 9000流の品質保証から学んだ，保証のため，確信を与えるため，あるいは信頼感を与えるための「実証」です.

品質を保証するとは

品質保証とは，どのような活動をするのか考えてみます．私たちは，時に「業務の品質保証」とか，「仕事の質を保証する」なんてことを言いますが，それが何を意味しているのか，きちんと考察していきます．

『広辞苑』(第6版)で「保証」の意味を調べてみると，「大丈夫だ，確かだとうけあうこと」とあります．他の手ごろな辞書を引いてみると「あかしを立てること．引き受けること」，「間違いないということを請け合うこと．将来の行為や結果について責任を持つこと」などとあります．すると，日本で品質管理のドーナツ化現象のなかで「品質保証」という用語を使い始めたとき，「品質がよいと請け合う．製品使用の段階においても責任をもつ」という感覚をもっていたであろうと思われます．「証」という文字には「あかしを立てる」という意味が含まれますが，「実証する」という意味を込めていたかどうかはよくわかりません．

ISO 9000での「要求が満たされるという確信を与える」，あるいは以前の版での「要求を満たす製品を提供できる能力があるという信頼感の付与」という定義を考えてみても，「品質を保証する」とは，「品質がよいと請け合う」，あるいは「品質がよいという信頼感を与える」ことと考えてよさそうです．

ISO 9000の世界では，確信を与えるために，また信頼感を与えるために，要求どおりの製品を提供できることを「実証」することに力点を置きます．そして，手順の存在の証拠としての手順書，実施した証拠としての記録など文書類が重要視されます．自分がまともであることを証明・説明するのが基本です．

日本で「品質保証」という用語が広まる契機になった，誠実な品質保証のために何をすべきかという点ではどうでしょうか．品質がよいと請け合い，将来についても責任をもつためには，「はじめから品質のよい製品・サービスを提供できるようにすること」と，「もし万一不具合があった場合に適切な処置をとること」の2つからなると考えられます.

はじめから品質のよい製品・サービスを提供できるようにするには,「手順を確立する」,「その手順が妥当であることを確認する」,「手順どおりに実行する」,「製品・サービスを確認する」という4つの活動になるでしょう. 何かあった場合の対応は,「応急対策」と「再発防止策」に分かれます. これらを**図表4.2**にまとめます.

図表4.2の2.が,「応急処置・影響拡大防止」と「再発防止・未然防止」という2つの対応のことをいっていることはすぐに理解できるでしょう. それでは, はじめから品質のよい製品・サービスを提供する仕組みについて, 1.の1-1～1-4は何をいっているのでしょうか.

1-1は, 手順, プロセス, システムを構築するようにといっています. 1-2はその手順でまともな製品・サービスが提供できることを確認しておくようにといっています. 実は, これは難しいことです. 論理的にこの手順でよいという

図表4.2　品質保証活動の要素

1. 信頼感を与えることができる製品・サービスを顧客に提供するための体系的活動
   - 1-1　顧客が満足する品質を達成するための手順の確立
   - 1-2　定めた手順どおりに実施した場合に顧客が満足する品質を達成できることの確認
   - 1-3　日常の作業が手順どおりに実施されていることの確認と実施されていない場合のフィードバック
   - 1-4　日常的に生産されている製品・サービスが所定の品質水準に達していることの確認, および未達の場合の処置
2. 使用の段階で供給側責任の問題が生じた場合の補償と再発防止のための体系的活動
   - 2-1　応急対策としてのクレーム処理, アフターサービス, 製造物責任補償
   - 2-2　再発防止策としての品質解析と品質保証システムへのフィードバック

ことをいうか，過去の経験から致命的な問題が起きていないことをいうか，手順・プロセスの要素として，よいと認められているモデルを適用していることをいうか，あるいはそれこそISO 9001に適合しているというか，いろいろ考えられます．

1-3は，決められたとおりに実施するようにといっています．そして，本当にルールどおり実施していることを確認しなければなりません．「(A)当たり前のことを，(B)バカにしないで，(C)ちゃんとやる」というABCのすすめ(賢者の愚直)をご存じでしょうか．PDCAにおける，PlanどおりのDoの重要性をいっています．1-1と1-2でそのとおりに実施すればよい製品・サービスが生み出される仕組みができているはずですから，そのとおりに実施すべきである，ということです．

1-4は，要するに実物で確認するようにといっています．正しいはずの仕組みどおりに実施して生み出されたものが期待どおりかどうか，現物で確認するということです．製品・サービスの監視・測定が，それにあたります．

品質保証の全社的運営

品質保証には，上述したような全組織を挙げた体系的な活動が必要だということです．普通の組織には，どの部門がいつ何をするかを概略フロー図の形で明示した，「品質保証体系図」(誤解9の図表9.4，p.129参照)があります．通常の工業製品であれば，マーケティング，研究開発，商品企画から，開発・設計，生産準備，購買，生産，販売・サービス，市場評価などに至る一貫したシステムの大要を図示したものがあると思います．この図には，各ステップで実施すべき業務を各部門に割り振ったフロー図として示されるのが普通です．関連規定や主要な標準の種類を示してあるものも多く，提供する製品・サービスが組織的にどのように品質保証されるのか，その全貌を可視化するものとして有効です．

品質保証のための全社的運営として実施していることにはどんなことがある

のでしょうか．品質保証の意味と目的について自分なりに考えてみればよいのですが，世間相場がどうなっているか紹介します．

まずは，経営者層が，品質方針，組織構築，レビュー（監査，診断，マネジメントレビューなど）に直接的に関わるような仕組みが必要です．品質に関わる明確な方針を打ち出し，方向づけを示し，組織全体のベクトルを合わせることです．これはISO 9001の基本的考え方でもあります．

品質保証体系とは，結局は，組織構造・運営，仕事の仕組み，それに経営資源が加わったものです．経営者は，品質に関わるすべての要員の責任，権限，相互関係を明確にし，会社全体として品質を達成できるような組織を作らなければなりません．また，品質保証体系が期待どおりに機能しているかどうかを確認し，必要な処置をとるために，自らが定期的にレビューすることも必要です．最小限のQMSモデルと位置づけされるISO 9001でも，このことが明確に規定されています．

多くの組織では「品質会議」というような会議を毎月1回程度開催し，品質について横断的に検討しています．当然のことながら，製品・サービスの品質保証（管理）に関係する全社各部門が参加します．普通の組織は，技術，生産，販売というような機能的組織形態をとっていますので，これらの組織を横断的に運営する仕組みがないとうまく機能しません．そのため，会議体や委員会を設置するのが普通です．

品質保証の全社的運営のために，品質会議以外にも，例えば，体系的・定期的な品質評価，品質監査，品質報告書，重要品質問題管理システムなどがあります．もちろん，品質クレームの処理，検査体制の設計・運営などもあります．

品質保証の公式性

「品質保証」において忘れてならないことの一つに「公式性」があります．例えば，確認をしなくても品質がよいことがわかっていても決められた品質確認を行うとか，ルールどおりに実施していなくても品質が達成できるときでも決められたとおりに実施し，その記録を残すというように，たとえ形式的といわれようとも，資格を有した人・組織がルールどおりに実施すべきことを実施し，「間違いがないことを保証する」ということの重要性です(**図表 4.3**)．

本誤解の筆者の1人である飯塚(以下，私)の苦い経験をご紹介します．原子力安全規制が現在の体制になるより前，まだ経済産業省の原子力安全・保安院(以下，保安院)が規制を行っている時代，私はその1つの部会の委員でした．品質保証分野の専門性を期待されてのことです．英国のBFNLという会社から，原子力発電用のMOX燃料を輸入していました．そこで品質保証データの改竄問題が起きたのです．

保証特性は燃料の寸法でした．製造工程で全数を自動検査するのですが，まったく同じ方式の検査を一部のロットについて実施し，検査成績書を添付して出荷していました．この品質保証検査を一部実施せずデータ改竄していました．改竄の方法は，以前の検査ロットのデータをコピーし，一部の数値を適当に操作するという簡単なものでした．

保安院の原子力規制に関わる1つの部会で疑念があると問題になりました．私はデータの性質から，まず間違いなく改竄していると言いましたが，他の委員は誰も取り上げてくれず，そのまま了承となりました．私が行ったチェックは簡単なもので，下一桁の数値の前ロットの数値との類似性でした．一致して

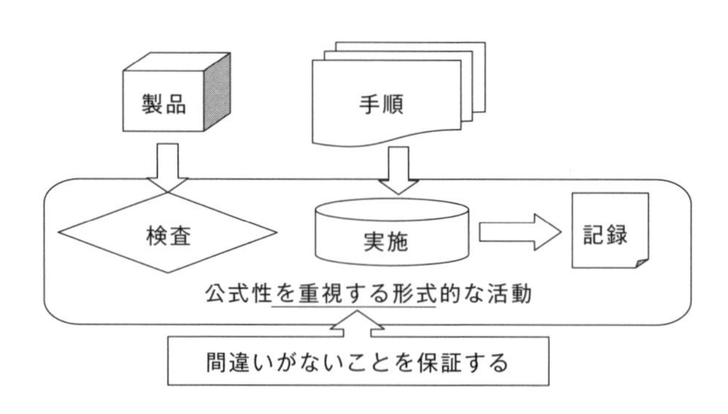

図表 4.3　品質保証における公式性

いる割合が異常に高かったのです．改竄するにしても，何とも芸のない方法だと苦笑してしまいました．

燃料を積んだ船はすでに出航していて，これを途中で止めるとなったら多額の取引に影響が出ます．品質特性は寸法で，容器に入る大きさなら，機能上重要な特性というわけでもありません．製造で全数検査していますので，改めて品質保証データとして測定しても，たぶん問題はないはずです．その燃料を購入する日本の電力会社の担当の方も，私の大学の研究室にまでやってきて，「間違いない．大丈夫」と，私を説得しようと懸命でした．

私も，改竄してはいるだろうが実質的には大丈夫なのだから，と強弁はしませんでした．それが間違いでした．そうこうするうちに，BFNL の担当者が不正をしていたと白状しました．このとき私が学んだのは，よいということがわかっていても，正規の手続きで正しいということを公式に証明して見せることの重要性でした．委員会で，このことの意義をもっと説いて，止めるように強く言うべきだった，と深く反省しました．

私にとっては，長く携わってきた品質分野での痛恨の失敗です．品質保証には「お客様が安心して使っていただける」という点に加え，「よいということを公式に認める」という重要な側面があることを痛感した次第です．

昨今の品質不祥事には，さまざまな背景要因が想定されますが，その一つは品質保証における「公式性」の軽視ではないかと思います．実際，顧客との契約より厳しい社内基準で運用しているという理由で，契約に定めている検査を経ずに出荷していたという事案がありました．「実際には合格しているのだから，改めて検査することもない」という論理なのでしょうが，正規の検査を経て正式に確認されたという「公式性」が重要だという認識をしていなかったのが問題です．

「形式・公式より，現実・実態の方が重要だ」とか，「実態が適切であれば，形式にとらわれることなく効率的に運営するほうが賢い」というような，ある種の合理主義（私はこれを“軽薄なエセ合理主義”と思っています）が組織運営の原則になっていては，真の品質保証はできないでしょう．

誤解5

最近は管理，管理ってうるさいけど，締め付けばかりじゃ仕事にならないんだよ

管理＝締め付け？

この誤解のテーマの趣旨は，組織で日常的に行われている管理を「締め付け」と感じて，その結果として業務遂行に後ろ向きになってしまい，組織のパフォーマンスに望ましくない影響を与えかねない現実について考えてみることです．組織で普通に行われている「管理」が，締め付けられている，圧力をかけられていると感じられてしまうわけですから，業務効率に悪影響を与えないわけがなく，組織にとっては大変困った誤解です．確かに業務の細部にわたっていろいろ細かなことを言われて，反感を感じたり意気消沈してしまうこともあるだろうと思います．自身でいま実施しようと思っている矢先に，上司から同じことを指示されますと，思わず「そんなことはわかっているよ」と心の中でつぶやいてしまうのも理解できます．心の中でつぶやくだけならまだしも，声に出してしまい，上司との間に無用の軋轢を生じさせてしまうこともあります．

このような誤解が生じる原因は，管理する側と管理される側の双方にあると思われます．管理する側，すなわち上司が「管理」とはどんなことをすることなのかよく理解しておらず，適正に管理していないという管理側の要因がありますが，一方管理される部下のほうにも，管理を素直に受け入れないという要因があります．上司と部下という二者の行動，発言，態度の中に誤解を生じさせる要素がさまざまで，上司側の要因としては，日常業務における次のような状態が考えられます．

- 業務の目的を明確にしていない．
- 目的を達成する手段を明確にさせていない．
- 達成する目標があいまいになっている．
- 達成納期が決められていない．

管理するためには，当然のこととして管理する対象をはっきりさせておかなければなりません．上司が何を「管理」すべきかを明確にしないまま，例えば経営者からの質問に対する回答を得るためというような背景があって，業務の進捗だけとか，結果だけを部下に対して問いただせば，部下が戸惑うのは当然のことです．部下は，上司の質問に対して自分の苦労した経過は聞かれず今の結果しか聞かれないことに不満を感じながら，何を答えればよいのかを思案し，場合によっては上司の気持ちに合うように回答してその場を早く切り上げたいと思っても仕方ないでしょう．さらに，部下からのそのような回答に対して，上司は現場の実態や事実との乖離を顧みようともせず，また部下に対して定期的に同様な質問や檄を飛ばすことで「管理」をしているつもりになっているかもしれません．こんなことがはびこり出したら，この組織の将来は火を見るより明らかです．まさしく，「管理，管理ってうるさいね．締め付けるばっかりで，仕事がどんどんやりにくくなって困る」という状態を生み出すことになります．

こうした話を周辺の状況も交えて話すと，誰もがそんなことがあってはならないと言うのですが，現実の世界にはこのような話はたくさんあると思います．

誤解が意味すること

さて，改めてこの誤解が意味することを整理しておきましょう．管理を締め付けであると考えてしまう背景には，「管理」という用語に対して２つのイメージがあるからではないかと思われます．

第一は，管理の基本が「監視・統制」にあるとの考え方です．この考え方からは，管理する側にしてもされる側にしても，自主性の尊重という行動原理が生まれてはこないでしょう．指示に従って実施した者が行うかもしれない工夫に対しても，管理者が理解を示さず，筋違いの苦言を呈し，時に禁止の指示・命令をすることがあるというイメージがあるかもしれません．

そして第二は，管理の基本である統制のために「ルール遵守」がどんなときにも重視されるとの考え方です．この考え方からは，何が何でも標準・ルールの遵守が重視され，これを破ると叱正・罰則が待っているとのイメージが生まれかねません．標準・ルールは目的達成のための手段として決めたはずなのですが，手段の目的化が大手を振るい，目的達成に有効かどうかに関わりなく，とにかく標準・ルールの遵守に邁進する世界が広がりかねません．

「管理」という意味

皆さんは「管理強化」，「管理社会」という用語が与える語感をどのように受け止めますか．監視，締め付け，統制，規制などを思い浮かべませんか．今から50余年前の1960年代の終わり，世界中を学生運動の嵐が吹き荒れました．そのころは，まさに「管理社会反対」，「大学の管理強化大反対」が正義でした．「管理」というものは，よくないこと，少なくとも必要悪，と受け止められるような時代でした．現代社会においても，「管理体制を強化する」という表現からは暗い統制の臭いを感じます．

そこで辞書を調べてみました．『広辞苑』で「管理」の意味を調べてみると，

《管轄し処理すること．よい状態を保つように処置すること．とりしきること．「健康～」，「品質～」》というようなことが書いてあります．「管轄」，「とりしきる」という説明と「よい状態を保つように…」との間には，若干のニュアンスの違いを感じます．「管理強化反対」というのは，管轄されること，取りしきられると感じるからでしょう．「よい状態を保つ」という意味なら，強化に反対するのはおかしなことになります．

「かんり」という同じ読みで「監理」と書くこともあります．建設工事現場で「設計監理　○○建築設計」という看板を見ることがあります．こちらの監理は，いかにも取り締まるという臭いが強そうです．『広辞苑』には，「監督・管理すること．とりしまり」とあり，明らかに統制するイメージです．

英語の“manage”はどうでしょうか．辞書を調べてみると，ニュアンスの異なる２つの意味があるようです．１つは“to direct or control the use of”，“to direct the affairs or interests of”などで，統制・指揮を意味するようです．もう１つは“to succeed in accomplishing or achieving, especially with difficulty”などで，何とかして成功する，目的を達成するというような意味です．

そして，それに近い微妙な説明もあります．例えば“handle”とか“deal with carefully”です．語源はラテン語の“manus”(hand，手)で，原義は「馬を御す．調教する」という意味です．“manage”の意味を伝える日本語としては，「経営する」，「管理する」ではなく，柔らか過ぎる表現かもしれませんが「やりくりする」というのがピッタリではないかとも思えます．

辞書というものは，用語を定義しているわけではなく，私たちがさまざまな表現をするときに，ある用語が前後の文脈からどのような意味となるかを説明したものです．すると辞書からは，「管理」も“manage”も，「監視・統制・指揮する」という意味合いと，「望ましい状態の維持，何とかして成功する，やりくりして目的を達成する」という２つの意味があることが読み取れます．

すなわち，日常用語としての「管理」には，「締め付け」という意味合いも含まれていて，ここで取り上げる誤解を誤解であると認識するには，品質管理の分野での管理概念についての理解が必要ということになります(**図表5.1**).

実は，品質管理，品質マネジメント，TQMの分野においては，「管理」や「マネジメント」は，「目的を継続的に効率よく達成するためのすべての活動」を意味するものと考えています．品質管理では，管理，マネジメントを，管理社会，管理強化などの用語が与える語感のような狭量なものとは考えてこなかったということです．

特に日本においては，アメリカから品質管理という方法論を学んで10年あまり過ぎたころ，まだ“quality control”，“QC”，「品質管理」と言っているころから，「管理」をかなり広い意味と受け止めていました．アメリカから用語を聞きかじり，TQC (Total Quality Control)なんてことを言い出すのが1960年ごろですが，そのころから日本の品質管理界が理解していた「管理」は，英語の“control”が意味する統御・統制・制御はもちろん，(狭義の)管理の意味を超えて，目標・ねらいの設定も含む目的達成活動全般を意味していました．

品質管理では，管理を「目的を継続的に効率よく達成するためのすべての活動」を意味すると上述しました．管理の意味を説明するこの表現のなかには，

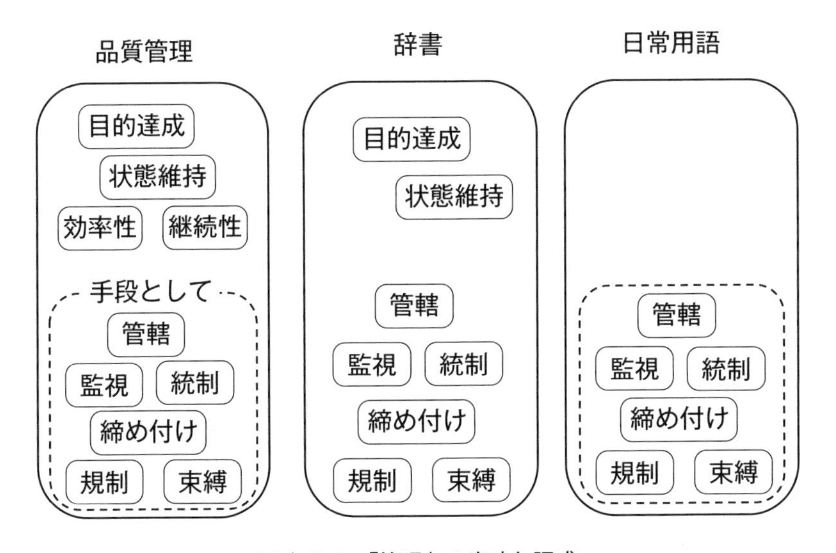

図表5.1 「管理」の意味と語感

管理を特徴づける次の3つの要件が含まれています.

① 目的達成

② 効率性

③ 継続性

すなわち，管理とは目的達成行動であり，その重要な側面には，目的達成以外に，効率性と継続性もあるということです．以降では管理におけるこれら3要件についてそれぞれ考察します.

管理＝目的達成行動

1 クダカン

実は，「管理」という用語には，その字義に目的達成という意味が含まれています．「かんり」と発音する「監理」という用語もあると上述しました．管理と監理の意味の違いについて，管理は「クダカン」，監理は「サラカン」として区別している分野もあるようです.

監理の「監」は，語源的には「見張る」，「管」は「くだ」です．「管理」を「クダカン」というのは，「管」が「くだ」，「パイプ」を意味するからです．「サラカン」とは「監」の脚の部分の「皿」から来ています．「監」は，その字の構成から「人が盆にはった水を上から見ている」という意味で，まさに監視，監督，“supervise”が主な意味となります.

「くだ」のほうには，プラス思考の管理の意味が加わります．「管」は「竹」かんむりに「官」で構成されています．「官」は同じ音の「貫」の代わりです，「竹を貫く」と「くだ」「パイプ」ができます．こじつけと言われそうですが，「管理」に目的達成の意味が含まれるのは，竹の節を貫いて(目的を)貫徹するというのが原意だからといえなくもないのです.

「管理」に含まれる意味のうち最も重要なのは，実は後者の「目的達成」です．目的達成のために監視，統制，規制をすることがあるかもしれませんが，それはあくまでも目的を合理的に達成するための手段としてです．その手段は目的達成のために有効だから採用するのです，手段の目的化はとんでもない間違いです，手段の実施にあたっては，常に目的を考え，目的達成に最適か，合理的かを考えなければなりません．合理的ならば，統制が必要ですし，それはときに締め付けと受け止められるものになるかもしれません．

それにしても，「管理強化反対」と叫ぶ運動はよくありますが，管理が目的達成のための活動だとすると，「目的達成反対」ということになってしまうので，本当に妙なことになります．かといって，日常用語として「管理強化大賛成」と言いにくい語感が「管理」に含まれており，これがこの誤解を生む背景になっているようです．

2 目的の設定と目的達成手段の指定

目的達成行動における計画には，目的の設定と目的達成手段の指定の2つの行為があります．

まず，目的は妥当でなければなりません．これまでさまざまな形で仕事をし，管理に携わって来た方は，まともな目的を設定することが非常に難しいことをご存じのはずです．

ある目的を設定したとしましょう．この目的が妥当かどうかは，その設定した目的によって究極的に達成したい目的は何かを考えることによって判断できます．つまりは，その上位の目的，上位の“ニーズ”の理解が必要です．

目的の妥当性を考察するために，逆の方法もあります．究極の目的，理念，あるべき姿を描いておいて，それを論理的に展開するという方法です．例えば，多くの組織が戦略策定のために行うMission-Vision-Strategy（使命－ビジョン－戦略）という展開は，あるべき姿(＝使命・役割に関するビジョン)からの展開という枠組みで考えています．「顧客志向」というのは，実はよい哲学です．経営の目的は顧客価値提供であると定め，すべての論理をここから展開するか，すべての目的をこの究極の目的に照らして妥当かどうか判断するということです．

経営課題が少なからずあって，どの課題から取り組むべきかという意味での目的設定においては，目的の間の相互比較が必要になります．このような場合には，いわゆる「重点志向」を心がけるべきです．実は，取り組むべき課題が多いように見えて，重要なものは少ししかないのが普通です．

このような特徴的な現象を「パレートの法則」と言っています．パレートというのは人の名前です．イタリアの社会学者・経済学者で，所得の分布に関して，全体の2割が所得全体の8割を占めるという法則を指摘しました．品質マネジメントにおいても，取り組むべき課題については“vital few, trivial many”(重要なものは少なく，つまらないものが多い)という法則が成立しているので，重要なものから取り組むべきです．

ところで「重要」とはどういうことなのでしょうか．何かが重要かどうかをどう判断するのでしょうか．2つの側面があると考えればよさそうです．それは影響の重大さと頻度です．例えば，重大事象につながる，金額が多い，件数が多いものは重要ということです．結果が重大になりそうなことが重要と考えるのは理解できます．頻度が高いことが重要というのは，よく起こる可能性があるということを重要性の一つの側面と考えていることになります．

目的について考えたついでに，目標をどう設定すべきかについても考えてみましょう．さまざまな管理活動において目標を設定します．実績がその目標を上回っているかどうかで，表彰されたり，ボーナスが決まったりします．すると，視野の狭いズル賢い人は，短期的に効果が把握できて，効果が自分の成果であるように見える，十分に達成可能な目標を設定するかもしれません．このような人ばかりだと，組織全体としては間もなくジリ貧に陥るでしょう．

妥当なレベルの目標を設定することは，とても難しいことです．まず考えるべきことは，その目的・目標の上位の目的のニーズ・要求のレベルです．目的・目標と言っていても，それが最終的な究極の目的ということはなく，上位の何かを達成するためにその目的・目標になっているはずで，その上位のニーズを満たすためにどれほどのレベルでなければならないかを考察し決めるということです．

同時に達成可能性も考慮しなければ現実的ではありません．逆立ちをしても鼻血も出ないほどの高い目標であっては，目標達成のための努力をする気持ちにもなれません．想定される目的達成手段の有効性や，必要リソース，実現可能性，現実性などを考慮して，挑戦的目標を設定するにしても，背伸びをして，何とか達成できるレベルを考えるのが普通です．

目的達成手段は，目的達成のために“最適”でなければなりません．例えば日常業務を実施するための業務標準は，業務目的を達成するためにそうすることが総合的に見て最適といえるから設定し，そのとおりに実施するようにしているのです．そうするのが最適であるなら遵守すべきで，それは締め付けでも何でもありません．目的達成のために最適でない手段・方法を意味もなく強制するから締め付けと思われるのです．最適であると指定した手段どおりに実施しているかどうかを監視することが必要な場合もあります．それ以上に，あるいは関係なく干渉するから無用の監視と思われるのです．

品質管理を少しでもかじった人は誰でもPDCAという用語を聞いたことがあるに違いありません．管理・マネジメント，すなわち目的達成行動において，PDCAは基本的な方法論であり，またPDCAのサイクルを回すことが効果的・効率的です．目的達成のためにPDCAがどのような意味で有効であるかについては，誤解11を参照してください．

3　目的的管理と手段的管理

管理とは目的達成の方法論ということですから，管理の対象になるものは実に広範なものとなります．世に「○○管理」といわれるものは，いろいろあります．品質管理，安全管理，衛生管理，健康管理，原価管理，納期管理，情報管理，労務管理，在庫管理，財務管理，設備管理，人事管理…と，思いつくままに挙げていけばキリがありません．でも，こうして挙げたさまざまな管理には2種類に分類できます．

品質管理，安全管理，原価管理，納期管理などは，それぞれ品質，安全，原価，納期に関する目的達成行動です．情報管理，労務管理，設備管理，人事管理などは，それぞれ情報，労務，設備，人事を管理(統御，制御，監理)して，何らかの目的を達成しようとする活動です．こうして見ると，私たちが「○○管理」と言っているものには，「目的的管理」と「手段的管理」の２種類あるといえます．

例えば，品質管理のような目的的管理においては，品質に関するどのような目的を達成しようとするのか適切に定めなければなりません．一方で，設備管理のような手段的管理においては，設備を管理することによって何を達成したいのか，明確にしておかなければなりません．いずれにしても，目的の設定が重要となります．

優れた管理をするためには，目的を正しく設定しなければなりませんので，どの管理対象についてのどのような目的を達成するのかを明確にすること，これが重要ということになります．

効率性

管理(＝目的達成行動)において「効率性」も問題になることは理解できるでしょう．目的を達成するために，どんなにお金がかかっても，どんなに時間がかかってもよいとはいえません．なるべく少ない投入資源で目的を達成すべきです．それによって仕事もはかどります．

このような意味で効率は重要ですが，効率そのものを目的にすることには危険がつきまといます．例えば，「効率追究」は一歩間違えると，人々を業務の質を忘れたノルマ達成行動へと駆り立てることになりかねません．時間短縮やコスト削減などが課題であるとき，目的を忘れることなく目的達成が可能な方法・手段群のうち，時間やコストなどの必要リソースの面での最適な方法・手段を選択するようにすべきです．

実は，業務の効率よりも質に注目をした最適な方法を選ぶことによって，真に目的に適合し，手戻りもなく，合理的な目的達成行動になっていて，結果的に効率の点でも最適になることが多いものです．まともな意味での効率追究というのは，実は質の追究と同じことになるものです．

効率は，ある活動における入出力関係，あるいは入出力比ととらえることができます．この視点から活動の合目的性を追究することもできます．例えば，経営について考えてみましょう．経営の原則として，よく「入りを図り，出を制す」と言います．この場合の入りとは組織に入ってくるお金をいい，出とは組織から出ていくお金をいいます．“入り”すなわち売上をAと表し，“出”すなわち購入する材料などのコストをBと表すと，効率はA/Bという分数で表すことができます．効率をよくするには分母Bを小さくし，分子Aを大きくすればよいのですが，分母Bを変えることなく特段の施策なく分子Aを大きくしようとすると，無理なノルマ達成のような形になって「管理とは締め付けのことである」ということになりかねません．企業の組織論では，よく「小さい本社」ということをいいますが，これなどは分母Bを小さくして効率をよくすることを意味しています．分母と分子はそれぞれがもつ構成要素が異なるので一律に論じることはできませんが，両者を平等に対象にしてアクションをとらなければバランスの取れた管理とはいえないでしょう．

このように効率よく管理するための原則は極めてシンプルです．しかし,「入るを量り，出ずるを制す」には，それを実行するための知識と行動，すなわち能力が必要です．経営者が効率よく管理すると繰り返し言っても，経営者から始まって第一線の担当者までが必要となる能力を保有していなければ，効率は「絵に描いた餅」となり，実現が困難になることは明らかです．

継続性

管理の要件の第三の「継続性」については疑問があるかもしれません．継続性を挙げているということは，たった1度だけの目的達成のために管理は必要ないと示唆していることになります．たった1度だけなら，運に懸けるとか神に祈ればよく，管理の原則を考慮した辛気くさい方法など忘れてコトに臨めばよい，ということになります．

これには異論があるでしょう．ここで注意したいのは「継続」ということの意味です．私たちの日常の行動で，純粋にたった1度だけということは，まずないと思います．どこかに類似性があり，何らかの意味で繰り返しがあります．同じような目的を，同じような方法で達成しようとするとき「管理」が必要になる，というのが継続性も考慮した理由です．

同じような目的達成に，同じような方法・手段を指定するかもしれません．業務標準がその典型です．標準や標準化の意義がわからないとか，遵守すべき標準の最適性が理解できないと，締め付けに思えるかもしれません．標準や標準化の意義については誤解8を参照してください．

例えば研究開発では，独創性・創造性が要求され，初めてのことが多く，継続性など考慮する必要はないように思えます．でも，よく考えてみると，テーマはいろいろ，方法もいろいろ，でもとにかく研究を続けています．だから，テーマの発掘，明確化，戦略，計画，実施，進捗，評価など，姿形を変えて繰り返しやってくるさまざまな研究開発の対象に対し，あるプロセスでこなしていきます．

管理では，目的を定め，目的達成手段を決め，それを実施するわけですが，そこに何かしらの意味で類似性があるので，標準的手順を決めたり，書式を作ったりして，中身はそれぞれ違うけれど，同じようなことをやっています．むしろ話は逆で，純粋にたった一度なんてことは滅多にないから，あらゆる行動において常に「管理」を考えるべきであるということになるでしょう．

以上の管理の3つの要件からわかるとおり，管理とは「目的を効率的に達成しつづける」ことであり，その手段として締め付けをするかもしれませんが，それは目的達成のためにその締め付けが合理的な場合に限定される，というのが本誤解への回答になるでしょう．

正しい自主性・創意工夫

最後に，「管理＝締め付け」という感覚をもってしまう状況を打破する方法を述べます．このためには，目的達成行動における自主性や創意工夫のあり方についての理解が不可欠であり，以下の4つの条件が必要と考えます．

① 目的志向：目的が何であるかを理解し，目的を達成しようとする思考・行動をすること．

② 目的・手段関係，因果関係：目的と手段の関係，あるいは因果関係を理解しようとする思考・行動をすること．とくに，目的達成手段・方法として定められていることの最適性に関心をもつこと．

③ 遵守：目的達成手段・方法が最適であると理解できたら，それを遵守することの意義と重要を認識したうえで遵守すること．

④ 改善提案：目的達成手段・方法の最適性に疑問を感じたら，その根拠を明確にしたうえで，公式に改善の提案をすること．

特に，「③遵守」の真意，意図，意義を理解することが重要です．こうした意味を理解したうえでの遵守を「賢者の愚直」と呼び，その行動様式である「ABCのすすめ」を広めたいものです．

ここで「ABC」とは，「(A：あ)当たり前のことを，(B：ば)バカにしないで，(C：ち)ちゃんとやる」という意味です．その“こころ”は，

- 当たり前：望ましい結果が得られる優れた手段・方法を知っている
- バカにしない：望ましい結果が得られる理由を知っている
- ちゃんと：やるべきことは誰も見ていなくも愚直にやる

ということです．

目的達成のために，目的達成手段の妥当性(合理性，合目的性)を理解し，これを遵守して実施するということの重要性を強調してのことです．そして，そのとおりできる人を「賢者」と呼びたいと思います．

「④改善提案」が期待しているのは，合理的な目的達成という観点で，決め

られている目的達成手段・方法の最適性に関心をもと，常によりよい方法を考察し，必要とあれば公式に改善提案をし，公式に標準を改訂していくような組織運営です．

ここで重視したいのは，公式に改善提案をし，公式に標準を改訂したうえで，目的達成手段・方法を変えていくという組織運営です．目的達成行動における原則としてのPDCAの中で，最も重要なのはDでしょう．行動しなければ何も起こりませんから．そのDoにおいては，まずは標準に定められたとおりに実施すべきです．ケースバイケースで局所最適策を求め，自分の解釈によって標準に柔軟に対応する方法を，要領よく賢いと考える方がいらっしゃいますが，組織で業務を行う際の行動原理としては手放しではお勧めできません．局所最適のルールが全体最適・長期的最適にならないことはよくありますし，何よりもルール軽視の考え方の蔓延がもたらす害は計りしれません．

このことに関して飯塚先生から伺った話を以下に紹介します．

テレビの組立ラインの調整工程でのことです．担当のAさんが産休に入り，Bさんに交代しました．調整というのは製品の状態に応じて適切に対応する難しい業務で，2人とも優秀な方でしたが，交代後に調整不良が激増しました．そこで，まずBさんが標準どおりに調整したかどうか調査したところ，きちんと標準を守っていました．つまり，調整の作業標準が正しくないことになります．そこでAさんに確認してみました．「ええ，調整手順どおりではうまくいかないので工夫しました」とのことでした．

この回答に対する製造課長と飯塚先生の対応案は真逆で，課長は「誉めたい」，飯塚先生は「叱るべき」だったそうです．ルールを守ることが原則で，作業標準の不備に気がついたら申し出て組織的に直すべきと考えたからとのことです．Aさんは，叱られてもその意味を理解できる賢い方ですので心配はいらないと思ったそうです．

業務標準・手順に組織の知恵を埋め込んで，組織全体を一定レベル以上にし，また改善において，組織の知恵の実体としての標準を改訂し組織として成長すべきです．標準とはそのような成長の基盤です．このような標準を「締め付け」と誤解しないような教育訓練，組織文化が望まれます．

そして標準どおり実施してもよい結果が得られないとき，どう考えどう対応すべきかについて，組織できちんと共有しておく必要があります．標準に不備がある場合，そのことを申告し，標準を改訂し，改訂した標準に従って作業・業務を実施すべきです．こうした行動原理を浸透させておかないと，ルール・標準に基づく業務の実施，組織内での「よい方法の共有」，「改善の基盤」の維持において，いろいろな問題を引き起こしかねません．

誤解６

**マネジメントですか？
そんな軽薄なことより
一にも二にも
まずは「技術」ですよ**

マネジメントより技術が重要？

この誤解のタイトルを読んでどのように感じますか？　これがなぜ誤解なのか，と不思議に思うかもしれません．品質管理，品質マネジメント，TQMの本なのだから，どっちみちマネジメント絶対主義を振りかざすつもりなんだろう，と冷ややかに見ているかもしれません．もし，そうだとすると…，失礼ではありますが，たぶん「マネジメント」の意味や意義をよくご存じないからだろうと思います．

この誤解が意味していることは，「管理とかマネジメントとか，偉そうに言っているけれど，技術がなければ何もできないのだから，そんなつかみどころのない軽薄なことを言っていないで，とにかく技術を磨き，技能の腕前を上げるべきだ」というものです．

例えば，職人の世界では，経験から来る技能，技術が何といっても最優先されるので，「管理」という言葉を聞いた途端，顔をしかめ「そんなことより早く腕を磨け」という人が多いようです．ましてや，「マネジメント」などという言葉は，よくわからない，何か帳尻合わせをしてごまかしている，匠と呼ばれてきた技能一本槍の世界とはまったく違う胡散臭いイメージをもつ人がいるかもしれません．

職人の世界での技術・技能が重要であることは間違いありません．しかしながら，管理，マネジメントで最も重要なことが目的達成であるとすると，職人としての技術・技能のレベル向上に必要な基本知識，技能要素のコツ，その習得方法などの形式知化(構造的可視化)やそれらを基礎にした技術・技能の伝承やレベルアップの仕組みの整備が進まないと，職人の頭と腕の中にある技術・技能がいずれ廃れてしまうでしょう．

また例えば，研究開発部門は，将来の新製品で使おうとしている新規材料，新機構，新工法の開発においては，それぞれの分野での高い専門性が求められており，技術そのものが重要であることはいうまでもありません．しかしながら，研究開発の管理がどのようなものであるべきか，どのようにすれば巧みな研究開発管理ができるのかよくわからないこともあり，研究開発におけるマネジメントを重視している組織も人もあまり多くないという現実があります．

一般に，先端分野の専門家の関心は研究開発に向きがちです．例えば医療分野では，新たな診断・治療法，新薬の効能の実証，稀な症例の解明など，新規性が高く，独創的なテーマや症例研究を重視しがちです．医療の進展のためにこうした研究開発が必要なことは当然です．しかしながら，同時に，当たり前の技術を，しかるべきときに，しかるべき方法で使いこなす技術，すなわち，医療の質・安全の維持・向上のための指針・マニュアル類の確立も進めなければなりません．先端技術だけで支えられる分野は，分野として未熟であり存立が難しく，また確立している技術を組織的に活用する方法論を軽視している分野もまた未成熟であるといわざるを得ません．

研究開発部門では，技術が重要なのと同様に，その技術シーズを活かして顧客や社会のニーズに応えることが重要です．さもないと，せっかくの技術が活きませんし事業としても成立しません．顧客ニーズ探索，潜在化顧客価値，サービス・ドミナント・ロジックなど，ひところ一世を風靡した VOC (Voice of Customer：顧客の声)とか CX (Customer eXperience：顧客の経験)などを超えたマーケティング技術が必要です．市場・顧客のニーズを洞察し，どのような技術をいつまでに開発すべきかという研究開発戦略をはっきりさせ，研究開発部門全体をチームとしてまとめ上げ，一丸となって研究開発活動を進める優れた「マネジメント」もまた重要です．技術を活用して，ニーズに応える商品企画をすることによって事業が成立するわけで，技術の一本足打法では事業化ができないことになります．

本誤解はまったくの誤解というわけでなく，一面の真理を突いています．しかしながら．技術・技能の重要性に肩入れするあまり，管理，マネジメントを軽視することは正しくないし，健全な組織運営，健全な事業展開，健全な品質経営を推進する際に障害になりかねない，ということで取り上げられている「誤解」なのです．

誤解の背景

こうした誤解が生まれる背景要因には，以下のようなことがあると思われます．

① 何ごとも技術がなければ始まらない．腕前，技術こそが重要であると多くの人が信じている．

② 「手に職をつける」など，人が能力向上をめざすとき，専門的知識・技能を磨くことをめざすのが常識である．

③ 管理とかマネジメントというのはとらえどころがなく，何をすればよいかよくわからない．また，すぐに成果に結びつくとは思えない．

①は，上述したような，職人の世界，研究開発，先端技術分野でよく見られる反応です．多くの場合，ある特定の人々にしかうまくできないということがあり，そう考えるのも理解できます．こうすればよいという標準的な手順・方法はあまりありません．見よう見まねで学んではいきますが，まともにできるようになるのに多大な時間，努力が必要です．しかも，いつ報われるかわからず，うまく行くかどうかは，センスと運で左右されるような気がして，とても管理の対象にできるとは思えません．こうなってしまうそもそもの深因は，技

術・技能の内容が形式知化，言語化，あるいは構造的可視化されていないからです．

②は，子供を育てるとき，きちんと生きていくために，何らかの特技を身につけさせようとするとか，本人も資格を取るとか，何らかの専門性をもとうとする考え方をいっています．そのとき，リーダーシップ，ヒューマンスキル，コミュニケーションスキルというような広範で具体的にイメージしにくいものより，「専門性がある」といいやすい領域・知識・方法論を考えるように思います．進路選択にあたっての理科系選択というのも案外そんなところに根があるのかもしれません．

③は，例えば，「マネジメントって何？」とか「マネージャーの専門性とは何？」と問われて，答えにくいということをいっています．誤解５で説明があったように，「マネジメント」あるいは「管理」の最も重要な意味は「目的達成」であり，そのためにいろいろな原理原則があります．しかし，何がどのくらいできればよいかわかりにくく，総合的能力，一般的能力，基礎的能力と受け止められているという現実もあります．英語の“management”についても，どうやら，①統制・指揮．②何とかして成功する・目的を達成するという意味，要は「やりくりする」とか「うまく取り繕う」というような意味で，これまた何ができることなのか，何にどう役立つのかわかりにくいと受け止められているようです．

誤解のもう１つの背景には「マネジメント」という言葉が巷にあふれていることもあるかもしれません．あまりにも多くの場面，機会，メディアでマネジメントという用語が用いられているので，その内容の何たるかも把握せずにマネジメントを理解したと思ってしまう人が多いように感じます．人は知ったつもりになった途端に興味をもつことなく通り過ぎる傾向があります．

車の両輪としての技術とマネジメント

さて，こうした背景ゆえに蔓延している本誤解に対して，私たちは以下のように考えるべきです．

> 効果的・効率的な目的達成のためには，その分野に固有の専門知識・技能とともに，それらを組織的に活用するための方法論としてのマネジメントが重要である．

この考え方の妥当性を以下の視点から検証します．

- 良質の製品・サービス提供のためには，①技術，②マネジメント，③ひと，④文化が必要である．②～④を広義のマネジメントとするなら，まさに「技術とマネジメント」が成功する組織運営の車の両輪となる．
- 「技術」とは，その領域での目的達成のための再現可能な方法論である．
- 「マネジメント」とは，組織的に技術を活用して持続的に価値を創出するための方法論である．
- 組織の技術レベルがそのままでも，マネジメントによって品質トラブルを激減できる．
- マネジメントによって，技術そのもののレベルアップもできる．

1　良質な製品・サービス提供のために

品質のよい製品・サービスの効率的な提供に必要な条件は何でしょうか．一つの整理の仕方は「技術」，「マネジメント」，「ひと」，「文化」の4つで説明することです．良質の製品・サービスの提供のためには，まずはその製品・サービスの分野・領域に固有の「技術」が必要で，次にその技術を生かす技術・方法論としてのマネジメントが必要で，さらに意欲，知識・技術，技能の面で優れた人が必要です．加えて，それらのプラットホームとしての組織風土・文化も重要だろうという考え方です(**図表 6.1**)．

「餅は餅屋」と申します．餅を生業にしようと思ったら，餅米，海苔，きな粉，砂糖，醤油などの材料や，もち米の蒸かし方，餅のつき方，焼き方，きな

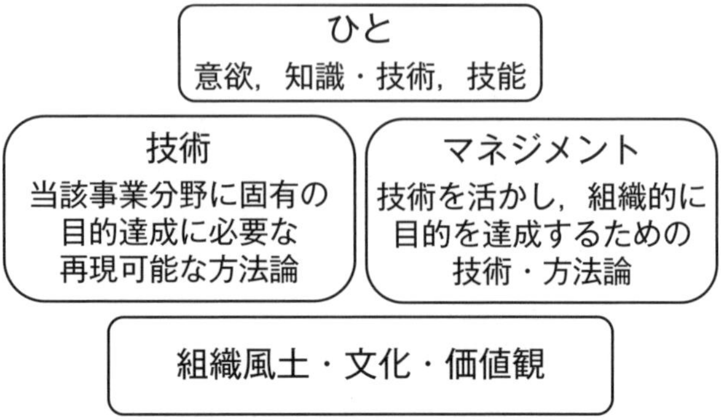

ひと 意欲，知識・技術，技能	
技術 当該事業分野に固有の 目的達成に必要な 再現可能な方法論	マネジメント 技術を活かし，組織的に 目的を達成するための 技術・方法論
組織風土・文化・価値観	

図表 6.1　良質な製品・サービス提供の条件

粉の前処理，海苔の焼き方などのプロセスに固有の知識・技術，技能・腕前が必要です．でもこれだけでは不十分です．組織を作り，役割・分担を決め，手順・方法を決め，それを関係者に周知し，統制をして，さまざまな餅を清々粛々と作っていくマネジメントが必要です．餅屋に必要な技術を組織で共有するためにさまざまな標準類が必要でしょうし，しかるべき知識・技術，技能，意欲のある人材の採用，そして教育・訓練も必要です．そして，餅屋という事業に必要な組織文化・風土も必要になるでしょう．

こうした4つの要件のうち，最も直接的に良質な製品・サービスの提供に貢献する2つを挙げるなら，その第一は，その製品・サービスに固有の技術です．自動車を作って売りたいのなら，主要な材料である鉄鋼の性質に関する深い知識が必要ですし，内燃機関(エンジン)に関わる膨大な技術知識を保有していなければなりません．そもそも顧客・市場ニーズの構造(どのような顧客層・市場セグメントが，どのようなニーズをもち，それらニーズがどのような要因に左右されるか)を理解していなければ適切な製品・サービスの企画はできません．

第二は，こうした技術を組織で活用していくためのマネジメントでしょう．高い技術をもっていても，それが特定個人だけのものであれば組織全体として共有することはできませんし，組織として保有していたとしても，しかるべきときに適切に活用できるような仕組みを構築しておかなければ，その知識・技術は日の目を見ることはありません．

② 技術＝目的達成のための再現可能な方法論

「技術」を広辞苑で調べてみると，「①物事を巧みにおこなうわざ．技巧，技芸．②科学を実地に応用して自然の事物を改変し・加工し，人間生活に役立てるわざ」とあります．①から腕前という意味での技能を含み，②からは自然科学を利用して人間に有用なものを実現する工学的な意味での技術をイメージしているように読み取れます．

英語の“technology”を調べてみると“methods, systems, and devices which are the result of scientific knowledge being used for practical purposes”（実用的な目的のために使われた科学的知識の結果としての方法，システム，工夫）とか“the application of science, especially to industrial or commercial objectives”（科学の応用，特に産業または商業目的への応用）などとあります．

「科学」というものを自然科学に限定せずに，ものごとの再現性，すなわち因果関係に関する知見を利用する考え方と広義に解釈すると，「技術」を「目的達成のための再現可能な方法論」と広く捉えることができます．

すると，材料，動作原理，機構，工法，計測・評価，システムなどに関わる技術にとどまらず，顧客ニーズの類型・構造化，商品企画，営業・商談，人事・人材育成，法務など，ある目的を実現・達成するための効果的・効率的な方法・手法もまた技術といえます．

こうした技術の重要性はここで改めて強調する必要はないでしょう．それが差別化因子，競争優位要因になっている例はいくらでもあります．私が経験したところでは，インクジェットプリンターのヘッドの加工技術，インクの固化防止技術などがあります．これらが開発できなかったなら，エプソンのインクジェットプリンターは世の中に出ていなかったと思います．これらの技術は企業に不可欠な生命線，価値創造の源泉となるものですが，これらの技術は一朝一夕にできるものではなく，多くの先人のアイデアや創意工夫，試行錯誤の結果の積み重ねで作り上げられるものです．

あるところで，メッキ技術についての苦労話を聞きました．金型の耐摩耗性を向上させるため，2.5㎡にも及ぶ巨大金型部品にコバルト・ニッケル合金メッキを3mmの厚みの被膜でつける技術は世界トップレベルだとして話題になっていました．特殊な加工工具設備を開発して可能にしたとのことですが，これなどは材料，方法，設備そして技能などを尋常ではない努力で追究し続けた結果であるということでした．

素材，部品，ユニット，設備，機械などの材料側面，並べ方，組み合わせ方，順序などの加工側面，温度，湿度，圧力などの条件側面，手先の器用さ，動き，反復性など人の技能側面，さらに構造，意匠，要素などの設計側面など，組織には固有技術が必要な領域は数限りなくあります．その昔，私がセイコーエプソンの生産技術に在籍していたころ，新しい要素技術の開発に従事しました．着想を得た試作品を早く作ってみたいと考え，その機能，特徴を伝えると，実験室にある材料，工具，簡単な機械で，Aさんという方が実証したい部品を作ってくれました．一度の挑戦では完成しませんでしたが，何回か試行錯誤しながら数週間も経つと期待する仕様に近い部品が出来上がってきました．新しい構造をもつ要素部品は，機械・電気双方の技術要素が必要なものが多かったのですが，Aさんは両方の知識と技能をもっていました．Aさんの作り方を後からトレースすることによって，その要素部品の設計図と加工図が出来上がりました．

これは個人の技術・技能についての話ですが，組織全体では研究開発，設計，生産技術などの業務プロセスを深耕して競争力ある固有技術を確立することが，組織の最重要課題の一つとなります．

❸ マネジメント＝技術を活用する技術

「マネジメント」あるいは「管理」については，誤解５で説明されていますので，その意味や内容はそちらに譲ります．適宜，参照してください．

技術との関係に焦点をあてれば，マネジメントとは「技術を使って目的を達成する技術」といえます．「技術」という用語を２回使っていますが，最初の「技術」は，「固有技術」という意味です．「固有」とは，『広辞苑』によると「①天然に有すること，もとからあること，②その物だけにあること，特有」ということですが，ここでは②の意味で，「その製品・サービス分野に特有の」技術ということになります．２番目の技術は，前項❷の「技術」で述べた広い意味の技術，すなわち「目的達成のための再現可能な方法論」という意味です．すると，技術との対比でマネジメントの意味を表現しようとすれば，「製品・サービスに関わる固有の技術を使って，目的を達成するための方法論」ということになります．

例えば，設計仕様どおりの製品を安定生産することが期待されているとします．ここでの固有技術は，いわゆる工程設計に定められる内容で，工法，工順，設備仕様，設備条件，従事者技能要件，作業ノウハウ・コツ，工程検査基準などです．この技術要件，プロセス条件を量産産工程で確実に実現するために，QC 工程表，設備 QA 表，作業標準，設備管理標準などを定め，設定で指定された技術的要件を具体的に満たすための手段・方法を決めます．そして，それに適合した設備機器類と作業従事者を整え，さらに日常の生産を行うにあたっての責任・権限を決め，さまざまな管理要件を満たす活動を行うのがマネジメントです．

技術が確立している分野では，当然のことながらマネジメントが重要になります．市場が飽和し日常生活に無意識な形で長年入り込んでいるような製品・サービスを提供している企業にとっては，技術が重要という誤解に対して，必ずしもそうではないということがピンと来ると思います．100 年企業などと呼ばれる伝統ある企業では，確かに技術は重要ですが，技術はほとんど確立されており，技術よりも事業を効果的に推進するマネジメントの方が重要視されます．目的達成のためにどうすればよいかわかっていることを清々粛々と確実に実行していくこと，例えば業務標準の整備，継続的な教育訓練，組織内の情報共有・価値観共有のための仕組みの確立とその運用など，マネジメントが重要であることを十分に理解していることでしょう．

固有技術はなくてはならないものですが，組織は固有技術があれば持続的に存続していけるのでしょうか．世の中には，技術で世界的に有名になりながら企業として持続的成功を実現できなかった組織が多くあります．日本でもかつて優良企業であったのに，経営問題で没落する組織も少なくありません．いわゆる不祥事によって組織の屋台骨が揺らぎ，マネジメントの不始末を社会から糾弾される例が散見されます．競争力ある固有技術をもちながらマネジメントのまずさで競争力を失う事案は，日本人として残念でなりません．バブル経済崩壊後に日本経済が停滞している一つの要因にマネジメント力の弱さがあるという指摘もあるくらいです．

この変化の激しい時代にイノベーションの重要性が叫ばれる中，オープンイノベーションが脚光を浴びています．この直接的な目的は社内だけでなく社外の知識・技術を積極的に活用していくことにありますが，これを実現するためには，行政，大学，提携相手，競争相手など広範な関係諸組織との協議，折衝，交渉などに加えて，自社の知識・技術と組み合わせて，事業として成功させるための複数組織を跨ぐマネジメントが必要になります．数社で得意技術を持ち寄って新製品を開発できたからといって，それを支える技術が永遠に優位なままであるとは限らないのです．常に競争力のある状態にするためのマネジメント，他社と組むためには自社を１つのチームとしてまとめ上げ，効果的な企業活動を続けていくマネジメントが必要です．

一方で，組織はオープンイノベーションとは対極にある足元を強くするマネジメントも気を緩めることなく行わなければなりません．いわゆる日常管理といわれるものです．組織全体の目的を達成するために，それぞれの部門の役割を定め，部分最適を排除して全体最適をめざす経営を行います．各部門は，与えられた役割を分解して，個人または小グループが管理できる大きさに分けます．業務の目的を明確にしてそれぞれの目的を達成するための活動を推進していかなければなりません．日常管理は，一人ひとりが管理項目，管理水準(目標)を意識して日常業務を行う地味な業務推進の継続となります．毎日の仕事の中で小さくとも継続的に改善を続けていくことが組織の競争力の維持・向上につながります．

つまり，当該製品・サービスの実現に必要な固有な，組織内外にある技術力を組織全体として共有化して適切に活用できることによって，組織の競争力の獲得・維持・向上とともに，そのための組織の日常業務の推進とイノベーションの実現を確実にし，その結果として経営や事業の目的を達成するための方法論(技術)がマネジメントといえるでしょう．

4　マネジメントによる品質トラブルの激減

組織は経営管理をしていく中でさまざまな問題に遭遇します．例えば，品質トラブルを考えてみましょう．マーケティング，製品・サービス企画，設計・開発，調達，製造・サービス提供，顧客支援などの品質機能の不備によってさまざまな品質トラブルが発生します．読者の皆さんもこうしたトラブルの原因を分析したことがあるでしょう．発生，見逃し，トラブル処理不適切などの原因を分析してみると，技術的要因が驚くほど少ないことに気づくはずです．ここで技術的要因と言っているのは，技術的知識が不足していたことがトラブルの主原因であったという意味です．

設計ミスだから技術的要因，などと簡単に分類しないでください．例えばそれが材料のある条件での特性に起因する問題とするとき，過去に類似の問題を起こしていてその再発ということはありませんか．自部門では初めてでも他部門で同じ評価したことがあるのに，そのことを知らずにミスをしたということではありませんか．いや社内では初めてでも，世の中にはその材料の特性に関する知見があるのに，それを調べなかったから問題が起きたのではありませんか．このように，技術の内容そのものは誰かが知っているはずなのに，それを自分たちが使うことができずに起きたトラブルというのがほとんどではないでしょうか．実際に私の経験上，品質トラブルを引き起こした要因のうち，技術要因は5～10% 程度でした．

要するに，技術は確立しているのに，それが活かされずに問題を起こしていることがほとんどであるということです．悔しいとは思いませんか．自分たちが使う技術のレベルが今のままでも，マネジメントシステム，業務プロセスの脆弱性分析と分析結果に応じた対応策によって，品質トラブルは激減できる可能性が大いにあるのです．

5 マネジメントによる技術のレベルアップ

前項は，マネジメントシステムの強化によって，技術レベルが今のままでも品質トラブルを激減できるという話でした．実はマネジメントによって固有技術そのもののレベルアップも可能なのです．

マネジメントの根幹は目的達成にあります．目的が達成できないとき，その原因を分析して改善を図ります．PDCA を回して，再発防止，未然防止を図るということです．この因果関係分析，原因特定，対策案導出という行為を科学的，合理的にかつ組織的に行うことによって，有益な技術的知見をより効率的に得ることができます．また，マネジメントは技術者個人レベルで有している暗黙知の形式知化，形式知化された技術・知見の統合化，すなわちSECIモデル（Socialization：共同化，Externalization：表出化，Combination：連結化，Internalization：内面化）といわれる知識創造のサイクルをも促進します．後述する管理技術を系統的に学び，その整理された知識体系を活用していけば，より広範により効率的に技術レベルの向上を図ることができるのです．

管理技術

固有技術と管理技術

ここまで述べてきたことを改めて整理すると，「技術は重要である．しかしそれを維持，改善する技術も重要である」ということになります．１つ目の技術を「固有技術」，２つ目の技術を「管理技術」と呼んでいます．固有技術がどのようなものであるかを認識し，そのレベルを改善することを全社において行うのは管理技術の役割であり，日常業務のなかで固有技術を確実に活用し，改善していくことが，競争に勝てる組織になる秘訣と言っても過言ではありません．

ところで，固有技術と管理技術のうち，どちらが重要でしょうか．非常に難しい問いですが，やはり固有技術と答えざるを得ないでしょう．例えば，それはマネジメントシステムのレベルというものは，そこに埋め込まれている固有技術のレベル以上にはなれないことからも判断できます．どんなに立派なマネジメントシステムを構築しても，そのマネジメントシステムの血となり肉となるべき製品・サービスに固有の技術・知識が貧相な状態では，顧客に満足を与える製品・サービスを継続して提供することができないからです．

管理技術は，固有技術のレベル向上のために有効な道具となります．すでに無意識のうちに管理技術を利用して固有技術の向上を行っている活動も数多くあります．管理技術を系統的に学び，その整理された知識体系を活用していけば，より広範により効率的にレベル向上を図ることができます．いわゆる科学的問題解決法といわれるものです．専門分野に関わる知識だけを増やしていくよりも，管理技術を活用しながら固有技術を深めていけば，よりよい製品・サービスを提供できるということを認識したいものです．これこそがマネジメントの極意です．

繰り返しになりますが，「固有技術」と「管理技術」は経営における車の両輪であるといわれています．例として両輪がよいか前輪・後輪がよいかわかりませんが，固有技術にあたるエンジンや駆動輪と，管理技術にあたるステアリング，ブレーキ，アクセルなどの車両制御の両方の機能がなければ，車はまともには動きません．駆動機能がなければ動きませんので何も始まりませんが，暴走しないように制御しなければ車としての機能は発揮できません．その統合が必要です．

例えば，スポーツの世界ではどうでしょうか．まずは技術・技能が重要です．優れた技術・技能はトップ選手の必要条件です．しかし，勝つための十分条件として管理技術が重要であることは，私たちが手に汗握り観戦するいろいろな場面で証明済みです．中でも，集中力，自己コントロールなどメンタル管理が重要です．私はゴルフを健康維持の目的で楽しんでいますが，スコアなどどうでもよいと思うとよいスコアで回れます．技術・技能レベルが同じでも，その力を発揮できるかどうかで結果は大きく変わります．

2 固有技術の可視化・構造化・標準化

わが国の品質管理の歴史において，製造業以外への適用は必ずしも大成功とはいきませんでした．その理由は，固有技術の可視化・構造化・体系化のレベルが低かったことにあると解釈できます．品質のよい製品・サービスを効率的に生み出すには，まずはその製品・サービスの企画，設計，実現，提供，付帯サービスに固有の技術が必須です．さらにこれらの技術を活かすマネジメントやマネジメントシステムも必要です．管理技術，経営科学ともいわれる品質管理は，この管理に多大な貢献をする思想・方法論です．しかし，固有技術が可視化され，形式知として美しい構造で体系的に記述されていないと，せっかくのマネジメントシステムも中身のない骨組みにしか過ぎなくなります．役に立たないISO 9001の典型はこれです．形はあるが心がない，「仏作って魂入れず」，というところです．

かつて一部の製造業で品質管理が大成功を収めた理由は，例えば不良低減において，要因の候補として列挙した特性や条件が，技術的に見て的を外すことが少なかったからです．自動車工学，金属材料学など，ある分野の技術・知識が体系的に整理されているからこそ，未知と思われる現象についても，その発生メカニズムをほぼ正しく想定することができたのです．要素となる技術がある程度確立しているからこそ，品質管理のような管理技術が有効に機能したといえるのです．

標準化することは非常に重要ですが，その中身がスカスカであるとろくな仕事ができない，ということです．

3 管理技術による固有技術力の最大化

固有技術と管理技術を比べたとき，固有技術の方が重要というのは「無い袖は振れない」ということです．そうではありますが，管理技術の重要性は固有技術に劣るものではありません．それは「どんなに立派な袖があっても，それを巧みに振ることができなければ，その袖はないに等しい」ということに他なりません．それればかりか「袖がないとか短い場合に，袖を必要十分なものにするとか袖に代わるものを考えるなどの方法があればよい」ということも忘れてなりません．

管理技術がまともでなければ折角の固有技術は生きて来ませんし，固有技術が多少不十分であっても，それらの固有技術の棚卸しをして，保有する知識・技術の可視化・構造化・標準化を行って保有する技術を使い切ることが必要です．さらに，強化すべき技術領域を明確にして技術レベルの向上を図るべきです．こうした活動こそが固有技術と両輪をなす管理技術なのです．

誤解7

目の前の仕事を片付けるのがやっとで，管理とか標準化なんて悠長なことを考えている暇はありません

ある製造メーカーA社の設計・開発部門長による発言

数年前に，ある製造メーカーA社とTQMの導入推進に関する共同研究をしているときの話です．経営トップがTQM導入宣言をした後，各部門長との面談を行いました．製造部門，購買部門，生産技術部門と続き，最後に設計・開発部門の部門長と話をしました．

彼は最初からTQMの導入には懐疑的で，それは表情や態度ですぐに理解できました．彼自身も経営トップがやると決めた以上はやらなければならないことはわかっていましたが，それでも面談の最後に投げやり的に(？)言った言葉が，「目の前の仕事を片付けるのがやっとで，管理とか標準化なんて悠長なことを考えている暇はありません」でした．

製造メーカーA社に限らず，どの企業においても少なからずTQM導入の抵抗勢力はいるものです．そして，その理由の一つとして挙げられることが多いのが，担当者の経験や固有技術力に基づくノウハウこそが重要と思われる業務に対する，この誤解です．

この誤解，一見して正しいようにも思えます．管理のためには業務や仕事の仕方，仕組みを構築しなければならず，標準化においても手順書，マニュアルなどの業務文書の整備などが必要です．これらの活動は，今，目の前に溜まっている仕事や，納期が近づいている顧客案件を片付けることに対しては何も貢献しません．むしろ，日ごろやっているこれらの多忙な日常業務に対して上乗せされるものです．ましてや，設計・開発部門の業務は製造部門や購買部門とは異なり，業務は試行錯誤的で，創造的な側面もあるため，管理や標準化の効果も薄そうに思えます．

そう考えているからこそ，管理や標準化は“悠長なこと”であり，目の前の仕事を片付けることを優先する，という発言につながるのでしょう．

しかしながら，そのような発言につながった「多忙な日常業務」の原因は何でしょうか？　改めて，その原因が何なのかを考えていきます．

業務が多忙となる原因は何か？

製造メーカーA社に戻り，多忙な業務に直面している設計・開発部門のある1週間の業務スケジュールをもとに業務内容と量を調べました．

その結果，**図表7.1**のようにわかりました．

①と②は設計・開発部門が本来やらないといけない業務であり，これに合

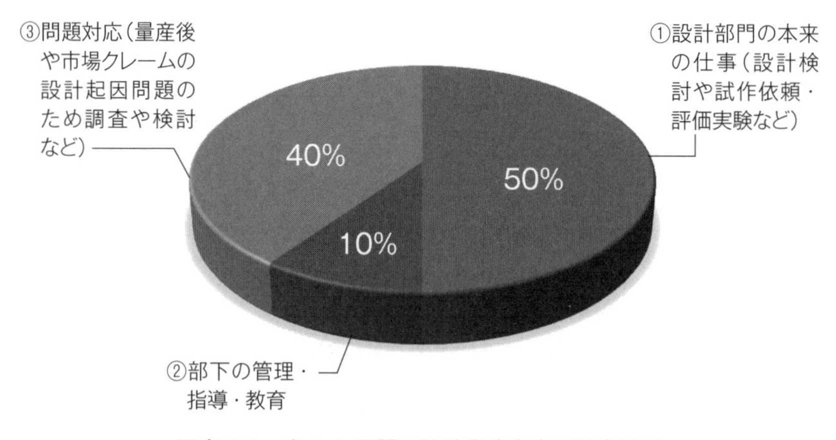

図表7.1　ある1週間の設計業務内容の調査結果

計で60％の時間をかけています．一方で，③は本来きちんと設計していればやる必要のなかった業務であり，これが40％を占めており，さらにこの傾向は最近特に増加傾向にあるようです．ある別の設計・開発プロジェクトチームでは，③の業務が業務全体の50％を超えているところもあり，それが設計・開発部門の多忙さに滑車をかけていました．

そして③に起因する業務量の増大に伴い，この多忙さが設計部門の本来業務である①や②を圧迫し，これが結果として新たな設計起因問題の多発を引き起こして，それへの対応，すなわち③の業務量増加によってさらに本来業務の①や②を圧迫する，という負のスパイラルに陥っていたのです．

さらにいえば，ある時期に同時に取り組まなければならない設計起因問題が多くなったせいで，個々の設計問題の原因分析にかけられる時間が少なくなり，対策も表面的なものになっていました．つまり，③への対応自体も質が低下してしまっていたのです．

多忙の業務の原因は何か？

では，このような業務の多忙さの原因は何でしょうか？

まず，①の業務は設計・開発プロセスそのものであり，ここがうまく進めば③の業務は発生しません．設計行為は試行錯誤的な繰り返しが多い創造的な業務ではありますが，その設計検討の際の視点や，どのタイミングで何の試作・評価項目をどのような条件で検証するかについての試作・評価計画などが重要となります．また，デザインレビュー(DR)においても，レビューすべき項目，レビューの方法，構成メンバー，レビュー時に参照すべき技術的情報なども大切です．

これらが担当する設計者やメンバーのスキル・能力に過度に依存していたことが，設計検討の不備を招き，結果として③の業務の多発に至ったことがわかりました．

つまり，これまでの経験を踏まえて設計・開発部門全体として設計検討の際に用いる視点を体系化したり，試作・評価計画の類型化・パターン化とその雛形(＝試作・評価の標準計画)を整備するなどの対策を行い，これらを次の設計・開発プロセスに活用できるようにすれば，類似の設計検討不備問題は防げるはずです．

②の業務では，部下や各設計チームの業務遂行状況の把握に手間取り，その結果として部下の不手際を防ぐことに失敗しているばかりか，その不手際の発見が遅れ，そのフォローに大きな時間を割いていることがわかりました．フォローの対応のまずさも相まって，さらに時間がかかる事例も散見されています．さらに，部下に対する指導・教育においても教育担当者によってその内容や実施方法および質に大きな差異があり，結果として必要十分なスキル・能力を有した設計者が思うようには育っていないことも起こっていました．これらは当然ながら，①の設計検討不備にもつながります．

つまりここからは，部下やチームの業務状況把握に必要な情報とその入手方法，および不手際があった場合の対応方法を標準化すべきだということがわかります．また，設計者の育成・教育については，設計／開発者に求められる能力・スキルマップの作成と，その育成・訓練のための人材開発プログラムの整備が必要になるでしょう．

最後の③に関しては，設計検討不備を0(ゼロ)にすることは現実的に困難ではありますが，その大半は上記の①，②に対する対策で防げたはずのものでした．また，設計起因問題が起こってしまった場合にはその問題発生メカニズムを技術と管理の両方の見地から的確に分析し，確実な再発防止活動につなげるべきであり，製造メーカーA社のように表層的で対処療法的な対策は，最終的に“一番高くついてしまう対策”であることを理解したほうがよいでしょう．

このためにも，故障解析技術や問題発生メカニズムを捉えるための分析視点，過去の類似不具合発生メカニズムを記述したFT (Fault Tree)図などを蓄積し，いざというときに活用できるようにしておくことが必要です．

以上から，この製造メーカーA社の話で強調したかったことは，製造や購買はもとより，一見して試行錯誤的で創造的な側面が強い設計・開発業務においてさえ，「仕事や業務の忙しさの裏には，その仕事のやり方や管理のまずさがある．仕事のやり方の整備や管理を適切に行うことによって，業務の多忙さを減らすことができる」ということです．

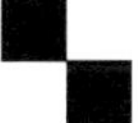

改めて，管理の意義，目的とは？

誤解5で丁寧に述べていますが，管理における3要件を確認したいと思います．

a)　目的達成

b)　効率性

c)　継続性

a)の目的達成とは，その字のごとく，業務の目的を達成するということあり，どのような活動も「まずは目的を考えよ」ということです．つまり，管理＝目的達成です．

一方で，設計・開発部門の目的は，マーケティング・企画部門が考案・立案した製品コンセプトを実現するための最適なスペック(物理的な特性値の水準)を決めることですが，設計・開発部門長の“管理なんかやってられない”発言は，この目的達成を反対するということになり，何とも妙な言葉になってしまいます．

もしかしたら，この設計・開発部門長は管理＝監視，統制といったイメージを強くもっているのかもしれません．一般的に，目的達成のために監視，統制をすることがあるかもしれませんが，それはあくまでも目的をうまく達成するための理にかなった手段としてのことです．監視，統制は管理手段の一つであり，すべてではありません．

2つ目のb)効率性とは，目的達成のために時間も経営リソース(人，モノ，カネ)も好きなだけ投入してもよいというのではなく，なるべく少ない時間と経営資源で目的を達成すべきであり，「管理」のもう一つの目的となります．

設計・開発部門においても，製品の販売時期は決まっているため，設計に好きなだけ時間をかけることはできませんし，設計者の力量・人員数，試作品の製作や評価・試験にかけられる予算にも限りがあります．そのような制約の中でいかに効率的に設計・開発を行うのかは，管理者である設計・開発部門長にとっては，当然留意すべき事項であるはずです．

また，上で述べたように，本来の設計・開発業務ではない③に50％から60％の時間を割いてしまっていることは，非効率的といわざるを得ません．③に割く時間を削減し，空いた時間を①と②の本来の価値ある設計・開発業務に回すことが，「管理」の目的なのです．

最後のc)継続性は，上記a)目的達成とb)効率性をある1回のみ実現するのではなく，継続的に達成することを意味します．効率性を含めた目的達成を継続的に実現するための手段が管理であるという考えです．このc)継続性で肝となっているのは，業務の繰り返し・反復，という点です．実は私たちは日常の行動において，厳密に見れば，まったく同じ目的をまったく同じ手段で達成することはあり得ません．まったく同じ状況が繰り返されることがあり得ないからです．しかしながら，まったく同じではなくても似てはいます．似ているのであればそれへの対応もほぼ同じであると考えられます．つまり，ある程度抽象化したレベルで業務を捉えれば業務の繰り返し・反復があることになります．繰り返し・反復のある業務は，その都度どうしようかと考えるのはムダですし，あらかじめその業務をうまく実施できる巧みな方法を定石として採用し，実施するほうが遥かに効率的です．

設計・開発業務についていえば，その場その場で設計対象となる製品は，その製品コンセプト，用いる技術，設計開発構成メンバー，QCDの目標値，どれも一つひとつ異なっていて，まったく同じ製品を設計・開発することはありません．

しかしながら，一見して頭の中で試行錯誤的，創造的な作業のウエイトが大きいと思われる設計・開発業務であってもそれを抽象化した粒度で捉えれば，

- 製品コンセプトを実現するための物理特性を特定し，その水準値を定める

こと．

- 当該製品に導入することが決まっている技術のうち，製品コンセプトやQCDの目標値に照らして，どの技術がボトルネックとなっているか見極め，そのための要素技術開発を設計・開発業務と並行して行うこと．
- 設計開発メンバーは個々のプロジェクトで異なるが，PM（プロジェクトマネージャー）がいて，その製品に必要な技術分野に精通している設計者がいなければならないことや，設計開発プロジェクトの規模（自動車でいえばフルモデルチェンジとマイナーチェンジ）によってチームメンバー数や体制を変えていること．
- 信頼性試験の具体的な条件は異なるかもしれないが，信頼性試験を行う場合には試験項目や試験条件の設定と実施，試験結果データの分析と評価という一連の業務の流れ．

などは，ある程度類型化・パターン化できることがわかるでしょう．

以上のa）目的達成，b）効率性，c）継続性の内容を踏まえれば，多忙な設計・開発業務を解消することと「管理」は決して相反することではないことが理解できるでしょう．

標準化の効用

また，「管理＝目的を効率的にかつ継続的に達成すること」と理解すれば，これを実現するために手段，要因系，すなわち業務プロセスとか業務のやり方や方法に着目することになるはずです．つまり，「標準化」とは目的達成のための合理的な手段として業務プロセス，やり方や方法，さらにはそのプロセスで参照・活用する知識基盤・体系を定めることにほかなりません．では，この「標準化」の効用とは何でしょうか．そして「標準化」は効率的な設計・開発業務運営に貢献するのでしょうか．

まず，誤解8で述べているように，標準化とは「標準を設定し，これを活用する組織的行為」です．そして「標準」とは「関係する人々の間で利益または利便が公正に得られるように統一・単純化を図る目的で，手順，方法，手続などについて定めた取り決め」と定義されています．また，標準はいわゆる業務マニュアル，作業手順書のことであり，標準化とはこの業務マニュアル，作業標準書を組織全体として活用することである，とわかります．

また上記の定義から，標準化の目的は「統一・単純化」にあることもわかります．「統一」することによって「互換性」が確保され，ネジ，プラグ，電球，USBのようにどこでも使えるようになります．用語，記号，言語を決めることによって，詳細な説明なしで通じて「コミュニケーション」が円滑に図れます．特別の説明を要することなく，知識，情報，価値観を「共有」することさえもできます．例えば，設計基準書・手順書を新人教育に活用するのは，口頭説明よりもその業務の実施方法を新人に確実に伝えるためですし，手順書は過去の先輩方の失敗から学んだ教訓，知識・知恵を反映しているので，それを新人に共有してもらうにもなります．

さらに，「単純化」することで，効率向上，原価低減，品質向上が可能です．単純だから効率が上がり，単純だから安くなり，単純だから品質がよくなる，というわけです．

つまり，標準化とは「統一化・単純化」によって業務の質と効率の向上をめざしているといえます．しかし，標準化の意味はこれだけではありません．その“深淵なる”意味についてより理解するために，本誤解の中では標準化の効用について，とりわけ以下の3点を指摘しておきたいと思います．

1)　知識・経験の再利用：(確立している or 誰かの経験によってわかっている)よいモノ・方法の再利用

2)　ベストプラクティスの共有：(誰かが見つけた)よいモノ・方法の組織的な適用

3)　省思考：よいことがわかっているモノ・方法の利用による，目的達成手段考察の省略

1)は，すでに部門内で確立しているか，誰かの経験によってすでにわかっているよいモノ・方法を，次の設計・開発プロジェクトでも活用(再利用)しよう

ということです．例えば，上述した設計検討の視点や試作・評価の雛形(標準計画)を次の設計で活用することに相当します．

なお，よく誤解があるのですが，ここでいう“よいモノ・方法”や“標準計画”というのは，業務を行うのに最低限必要なことを指しているのではありません．その業務の目的達成に最適な方法，つまりベストプラクティスのことです．本質的には1)と同じことですが，このベストプラクティスを組織で共有化するために標準化があることを強調するために，あえて2)としました．

最後の3)は，ある業務目的を達成する際にすでに確立されたベストプラクティスをそのまま活用するわけですから，達成手段を考える時間は削除されるので“省思考”となります．ただ，これは何も考える必要はないということではなく，考えなくてもよいことは考えないで，(その余った時間を活用して)考えるべきことを考えろという意味です．

ある本によると，仕事をうまく進めるコツは，難しいこと，新しいこと，重要なことに経営資源を集中することである，と言及しています．考えなくてもよいことを考えず，考えるべきことに集中できる時間を確保するのが，標準化の“省思考”の効用であるといえます．なお，この効用のうち，前半部分の「考えなくてもよいことは考えない」ことのみに着目し，これを“考えるな”と解釈して何も考えないマニュアル人間が出来上がるから標準化に反対する人もいます．しかし，これは標準化の一つの側面しかとらえておらず，大きな誤解といえます．

繰り返しですが，“省思考”という標準化の効用を活用すれば，新しいこと，難しいこと，重要なことに集中する時間が得られます．より多く新しいこと，難しいこと，重要なことを経験していけば，このこと自体がこれまでにない業務実施方法の見直しや改善のための気づき・ヒントを得る機会になりえます．標準化は画一的で，マニュアル人間を作るのではなく，それとはまったく逆の創造性発揮の基盤なのです．

日常業務に忙殺されている製造メーカーＡ社の設計・開発部門においてこそ，“省思考”という効用を有した「標準化」を進め，設計者が最も得意とし，最も付加価値を生み出す創造性発揮のための時間を確保すべきです.

まとめ

これまでの話を整理します.

TQMの導入を始めた製造メーカーA社の設計・開発部門長は，TQMの導入には懐疑的であり，その主要な理由として,「目の前の仕事を片付けるのがやっとで，管理とか標準化なんて悠長なことを考えている暇はありません」を挙げました. そして，その背景には“仕事の忙しさ”があると言いました. しかしながら，その“仕事の忙しさ”の原因は，実は仕事のやり方やその仕組みが標準化されておらず，そして管理の不十分さに起因していると説明しました. 皮肉にも，設計・開発部門長が反対をしている“管理とか標準化なんて…”ということが，仕事の多忙さに対する最も有効な対策であったのです.

最後に，本誤解では一貫して「設計・開発業務」を例として管理や標準化の意義や効用を説明しました. その理由は，多くの読者が管理や標準化が適用しづらいと思われることが多い業務を選んだだけのことであり，これらの効用は設計・開発業務のみに限ったことではなく，あらゆる業務に及ぶことにご留意いただければ幸いです.

ひょっとしたら設計・開発業務よりも営業の方が管理や標準化に対して懐疑的かもしれません. 営業こそ「人」に依存していて，管理とか標準化で営業成績を上げることはできないと考えている方が多いのではないでしょうか. 営業も科学です. 製品・サービスによって充足できるニーズ・期待をもっている人や組織に対して，そのニーズ・期待を満たすための最適な手段・方法がこの製品・サービスであることを顧客が納得すれば必ず売れます. それを実現できる方法・手段の標準化をめざすこと，例えばニーズ・期待の類型，それに応じた推奨製品・サービス，その営業トークのエッセンスなどの指針の整備を進めることで，営業成績は格段に上がるはずです.

誤解8

標準化・文書化ばかりやっていると，マニュアル人間ができて本当に困るよ

本誤解の“標準化・文書化”については，組織はもちろんのこと，私たちの生活や社会でもさまざまなところで活用され，目にします．

例えば，私たちの生活・社会におけるハード面では「ネジ，プラグ，電球」や，ソフト面では「パソコンにおける基本OSや，インターネットの接続方式」が，人間の行動面では「信号機の赤，青，黄」などを挙げることができ，これは標準化の機能の一つである「統一」によって得られる恩恵であり，意識することなく生活に密着して浸透しています．これなくしては生活できない状況です．

また，組織においては“標準化・文書化”の結果として出てくる「マニュアル，手順書，指針，ガイド」などが当たり前のように存在し，それに従って業務を行うことが推奨されています．

このように“標準化・文書化”が社会や組織に広く普及している，その一方で，標準化・文書化に関しては本誤解テーマのような反応を示す人たちも少なからず存在します．ここで指摘されている「マニュアル人間ができて本当に困るよ」の意味合いには，

- 標準化・文書化を熱心に進めると，それに従うこと自体を重視するあまり，手順，ルール絶対主義で決められたことしかやらない．
- 業務の状況に応じた臨機応変な対応をしなくなる．

- 画一的な発想や行動を推奨し，自由を束縛し，自主的な発想や創造性を阻害してしまう．
- 成長過程の組織などでは効果が大きいかもしれないが，より多様化が進んだ成熟した組織などに対しては有効なのか．

などが含まれているようです．ただ，これらの反応は，はたして標準，標準化・文書化のねらい，目的や，その本質を本当に理解したうえでのものでしょうか．結論から先にいうと，明らかに誤解に基づくものであり，その誤解の背景・理由を探ってみると，次のようなことが考えられます．

標準化・文書化に関する誤解の背景

標準化した事項，内容を利用者に周知徹底するためには，口頭伝達のみでは十分ではなく，伝えるべき事項や内容を文書化・見える化した手順書，マニュアルなどを整備し，活用することが有効です．これら標準化・文書化の産物である手順書，マニュアルなどは，本来は，標準化の対象となっている業務の目的を合理的に達成するための，推奨される手段，方法などを規定したもの，という位置づけです．したがって，標準化・文書化において最も重要な関心事は業務目的の達成であり，手順書やマニュアルで規定された内容がその業務目的の達成において合理的な手段，方法になっている限りにおいて，そのとおりに遵守することが求められます．もし，規定された内容が業務目的の達成に必ずしも合理的でない，不備があるのであれば，標準を改訂し，その目的に沿って実施することが必要になるはずです．

しかし，先ほども述べたように，標準化・文書化を熱心に進めすぎると実施する活動自体が目的化してしまい，たとえ規定された内容が業務目的達成に合理的ではないとしても，その規定内容どおりに絶対に従わなくてはならない，という誤解を生んでしまっているようです．

また，標準化・文書化は業務目的達成のために合理的な手段，方法を推奨することになりますが，ある１つのやり方やルールに定めないといけないといっているわけではありません．業務の状況に応じてやり方を変える必要があるのであれば，その状況に応じた合理的な手段，方法を複数パターンもっておくことも，標準化・文書化です．

さらに，標準化・文書化のメリットの一つは，あらかじめ推奨された手順，方法を採用し，そのとおりに実施することになりますから，毎回業務を実施するたびにどのようにするかを考えずに済む"省思考"につながります．この本質的な意味は"考えずに済むことは考えず，考えるべきことを考えろ"ということなのですが，前半部分のみに着目して"何も考えるな"と捉えて，標準化・文書化が柔軟な発想や創造性を阻害する，という誤解にもつながっているようです．

以上のような誤解の背景には，本来の標準化の目的とそのメリットなどの理解が十分でないことがあるように思います．

以下では，「標準化・文書化がもつ目的・意義・効果，その側面など」に立ち返り，その本質的な理解を深めること，また，「現状の成熟した社会，各種ニーズの多様化など変化の時代おける標準化への対応のあり方」について考察するので，理解を深め，上記のような誤解に陥らないようにしていただければと思います．

標準化の目的と意義・効果

JIS Z 8002：2006「標準化及び関連活動：一般的な用語」では，「標準化」は，「実在の問題又は起こる可能性がある問題に関して，与えられた状況において最適な秩序を得ることを目的として，共通に，かつ，繰り返して使用するための記述事項を確立する活動」とされています．

また，注として，

「• この活動は，特に規格を作成し，発行し，実施する過程からなる．
• 標準化がもたらす重要な利益は，製品，プロセスおよびサービスが意図した目的に適するように改善されること，貿易上の障害が取り払われること，および技術協力が促進されることである」

と規定しています．

標準，標準化を考えるにあたっては，下記の2つの側面で捉えると理解しやすいでしょう．

1 決めなければならない標準(基準点，互換性と統一)

第一の側面は，国際標準，国家標準，業界標準などで多く見られるいわば「決めなければならない標準」です．ここでの目的は，統一による混乱の回避です．利益または利便を得られるような標準を制定し，「統一」あるいは「単純化」を行い，それを適用することにより，利益あるいは利便を普遍的に具現化することにあります．統一性の観点から物事の共通基準を定め出発点とすることです．

例えば，身近なところでいえば，交通の右側通行・左側通行は，原理的にはどちらでもよいと思いますが，正面衝突が起こらないように，とにかくどちらかに決めておく必要があります．

国際，地域，国家など複数の当事者が関連する標準化では，多くの場合，統一することに主眼を置いています．統一することで「互換性」が確保され，ネジ，プラグ，電球のようにどこでも使えるようになります．何気なく使っている携帯電話も標準化をベースにしています．標準化により通信方式が統一されているから通信が可能となり，また，基本OSが統一されているから各種ソフトがどの端末でも機能します．

私たちは日常ほとんど意識することなく，標準化の機能の一つであるこの「統一」の恩恵を受けています．

2 決めたほうがよい標準(経験の活用，効率化，省思考)

第二の側面は，本誤解「標準化・文書化ばかりやっていると，マニュアル人間ができて本当に困るよ」により直接的に関連するものですが，「決めたほうがよい標準」です．この「決めたほうがよい」とは，そのとおりに実施すると効果的，効率的であるため「効果的，効率的にするために役立つことは，約束事として決める」という意味になります．効果的，効率的である理由には，

- 知識の再利用，経験(ベストプラクティス)の有効活用
- 業務の統一，単純化による業務効率化
- 計画の簡略化，省思考

などがあります．

つまり，ここでの標準とは，「すでに経験してよいということがわかっている方法」であり，かつ「業務のムダを省き，統一や単純化を図った効率的なやり方」でもあり，この方法ややり方を，組織内の誰もが確実に再利用できるように「形式化したもの」といえます．

経験からよい結果が得られることがわかっていることを標準に定め，それにしたがって業務を行うから，当然，質と効率に関してよい結果が得られることが期待できるのです．

通常，作業に必要な手順，判断基準，方法などを明確にして共有化することにより，繰り返し行われる業務の統一化，単純化を図ることができ，結果として業務が効率化します．標準を活用することで，業務目的達成のために合理的な方法が何かをその都度考えずに済むので(省思考)，考えるべきより重要な事柄に人，モノ，時間を集中投入でき，効率的な運用を可能にするのです．

標準化と品質改善，創造性の側面

この誤解のように，標準化には「画一的なマニュアル人間，ルール絶対主義」に加えて，「自主的な発想を阻害し創造性の敵，自由の束縛などにつながる」などの批判的な議論も多く見られます．ここでは，標準化のもつ品質改善・創造性の側面から少し議論を深めます．

日本の品質管理では，標準化と，PDCA がセットになっており，継続的な

改善が組み込まれています．改善は，思いつきによる変更，対策では実現できません．現状の不備などを明確にして，その原因系に目を向けた体系的な処置が必要となります．

ここで重要なのは，「置かれている不備などの現状を明確にすること」であり，これが曖昧であれば，正しい改善処置にはつながりません．また，原因系に目を向けるとは，業務の目的達成に影響を与える現状の方法，材料，機器，装置，人の能力などの要因に注目し，これらの現在の状態および各々の相互関係を明確にし，目的達成との関連を分析することです．要因の現在の状況とは，まさに実施，管理状態などの現状であり，標準化の状況そのものです．

標準化は，整理された現状を示すいわば改善や改革の出発点であり，改善の基盤となります．

さらに，標準化は改善の基礎のみならず，改善や改革における創造性の基盤にもなり得ます．混沌からの創造性は偶然でしかありません．過去の情報，知識，経験やベストプラクティスの有効利用に基づく標準化により整理された状況は，次への創造活動の出発点を示すことにもなり得ます．これにより，重要な発展性のあるニーズや新たな必要性の発見のための的を絞ることができるとともに，結果としてそれに充てる資源と能力の集中を可能にすることができます．

このように，標準化の本質を理解すれば，「標準化が創造性を阻害している」などの誤解も少しは解くことができるのではないでしょうか．

マニュアル人間を作らないための対策

これまで述べた誤解の背景と，標準化の目的や意義・効果を踏まえて，標準化を進める際にマニュアル人間を作らないためには，次の3点を実施すべきです．

1つ目は，標準や標準化の意義について教育することです．標準とは，「約束事，形式化したもの」であり，これを確実に組織内の関係者に伝達・周知徹底するための手段としての文書化を行うのが一般的であり，具体的には手順書，業務マニュアルなどを作成することになります．前述しましたが，文書化の産物である業務マニュアル，手順書などは，ある業務の目的達成のための手段，方法を規定したものに過ぎません．また，実施される教育訓練の対象も規定した手段や方法の説明が中心となります．したがって，標準化の最大の関心事は業務目的達成であることに立ち戻り，そもそもの業務目的が何であるか，その業務目的達成においてなぜ今のような手段，方法に設定したかの理由や意図についても，教育しておくことが重要です．

これにより，規定されている手段・方法に対する利用者の納得度を高め習得を早めること，また，目的に沿って自ら発想して融通性のある行動を可能にすること，さらには自身の仕事に対する問題意識，改善意識をもつことなどに繋がります．

2つ目は，標準どおりに実施しても期待した結果が出なかった場合への適切な対応です．まず，期待どおりの結果が出なかった場合，標準に基づいた分析を行うべきです．飯塚悦功・金子龍三：『原因分析—構造モデルベース分析術』(日科技連出版社，2012年)で紹介されている，**図表8.1**に示す業務システムや標準に着目したトラブル発生時の発生原因を分析するための方法が大いに参考になるでしょう．

また，標準の内容が合理的ではなく不備があると思われるとき，そのまま黙って標準に反した方法ややり方で業務を行うのではなく，標準の不備の可能性を組織的に指摘し，公式に標準を改訂してから適切な方法で業務を実施する，という行動を推奨すべきであり，そのための仕掛け作りも必要でしょう．

3つ目は，標準についての定期的な棚卸，見直し体制の構築と運用です．組織内外の状況は常に変化しているので，今保有している標準が必ずしも変化への適切な対応の観点から合理的な内容になっているとは限らないため，改めて組織として有すべき標準として過不足がないか，内容が適切かについて定期的に見直しを行い，形骸化，陳腐化しないようにしておくことが重要です．

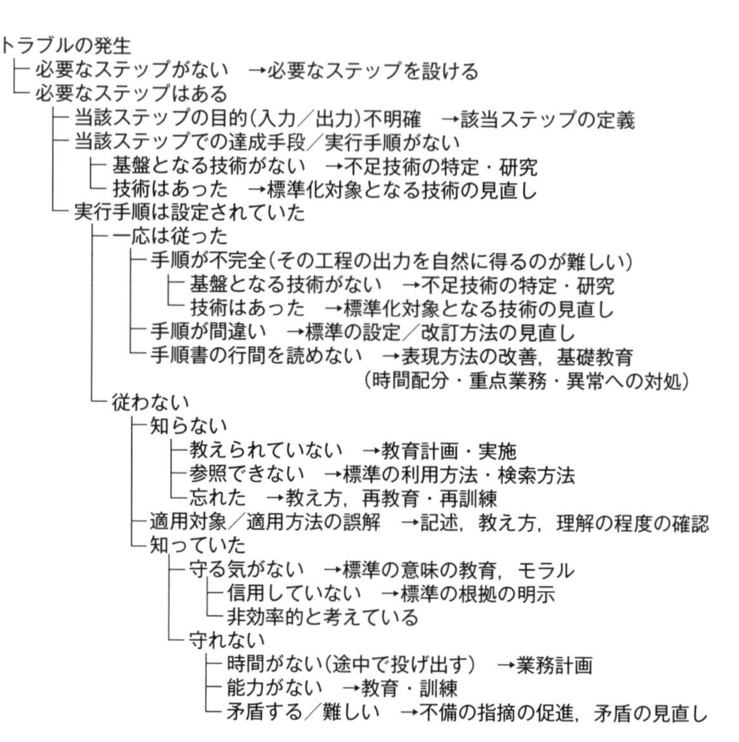

出典）　飯塚悦功・金子龍三：『原因分析―構造モデルベース分析』，日科技連出版社，2012.

図表 8.1　業務システム・標準に着目した，トラブル発生の原因分析例

標準，標準化に関わる行動原理

繰り返しになりますが，標準は「すでに経験してよいということがわかっている方法」であり，かつ「業務のムダを省き，統一や単純化を図った効率的なやり方」ですから，標準に従えば業務目的を達成する確率が高くなるという点で，標準に従って業務を行うのが大原則です．ただし，現在の標準が必ずしも業務目的の達成において完全なものであるとは限りません．

決めたことに画一的に固執するのではなく，標準に問題があることが明らかになった時は，標準を改訂し，関係者に連絡し，改訂後の標準が適用されてい

ることを確認する必要があります．これらを完全に行うことで初めて，標準化がその機能を発揮します．個人の判断による標準からの逸脱は，決して許されるものではなく，標準は守るものです．

以上のように，世の中の事象，物事はそのまま放置すれば，多様化，複雑化，無秩序による混沌状態になるため，これらを合理的に抑えて秩序化，抽象化，単純化して共通の出発点となる「取り決め」を定め文書化し，それに基づき活動することが標準化といえます．

現状の社会における標準・標準化の目的達成のために

以降では，いろいろなものの多様化，複雑化など変化の激しい現状の社会における標準，標準化の考え方，あり方について考察します．

標準・規則は守るものの原則

現在の社会，私たちを取り巻く環境を見たとき，個人の自由の尊重，価値観の多様化，複雑化など各種要因があるのでしょうが，「赤信号，皆で渡れば怖くない」的な風潮が随所で見受けられ，決められた標準・規則は守るものだという原則が希薄になってきているように思います．

- 交通ルールの遵守(歩行者優先，交差点における赤信号の無視，注意黄色信号の遵守など)
- 電車などでの優待席，携帯電話のマナーモード使用
- 組織不祥事など実態と標準・規則との乖離(いわば，本音と建前の使い分け)，など

標準・規則を守らないことを認めた，または認めることが多くなった運用を許せば，前述の「統一性の観点から共通基準を定め出発点とすること」の，いわば標準・規則の目的・意義を失うことは明らかであり，さらに得られる共有化できるはずの価値そのもの(統一による混乱の回避)を失う状況に向かってい

ることになります．標準・規則の原点に戻り決めた標準・規則は遵守するという個人の自覚，および文化の一層の醸成が不可欠でしょう．

② 標準・規則と活動実態の一体性とバランス

標準・規則が守られていない状況においては，遵守すべき側の問題である場合が多いですが，一方で，決めた標準・規則が現状の活動などの実態，現実とかけ離れていること，要求する水準があるべき論になり厳しすぎることなどが原因になっている場合もあります．例えば，上述の「電車などでの優待席の取り扱い，携帯電話のマナーモード使用の遵守」なども，ここで個別事項の良し悪しを議論するつもりはありませんが，そもそもの意図に戻った標準・規則と活動実態との一体性とバランスに基づく見方が重要です．

最近は，世の中の急速な変化，複雑化に対して標準・規則をタイムリーに変更しきれず，乖離が放置されていることも多く見られます．特に，社内標準などではこれらの仕組みが形骸化，陳腐化しているケースが多く見られます．変化の中でタイムリーに現状の標準・規則が現場の活動実態に対応しているかを，適切に評価し見直していく仕組みの構築とその実践が必要です．

一層の変化と価値観の多様化への対応

振り返れば，1980年代後半に，「決めたほうがよい標準」の代表ともいえるISO 9000シリーズが日本の市場にデビューしました．当時は，製造主体のISO 9002，設計・開発を含むISO 9001が存在し，初期の段階では，特に設計・開発に関しては，いわば，枠をはめる標準・基準化は組織活動の自主性，多様性，独創性を阻害する，との議論も多くありました．長年の運用を経て，この標準は，設計・開発はもちろん，サービス提供など多様な分野においても価値提供を行うようになり，組織戦略としても必要不可欠なものとなっています．

変化の著しい現在では，組織の業態，環境は多様化，複雑化しており，特に社内標準などにおいては，標準・標準化の活用・適用の対象を明確にしたうえで，組織の強み，弱みなどの独自性を発揮した画一的でない目的志向による適用が重要となります．

この目的志向につなげるためには，仕事を通じて標準化に対する常日頃の問題意識，改善意識，管理意識を醸成することが望まれ，特に出発点ともいえる問題意識が大切です．

成熟した社会における各種変化のなか，標準，標準化を考えるうえでは，その本来の目的，効果などの本質的な理解を深めるとともに，そのプラスとマイナスの両側面に目を向けた考え方をもって，前述のような誤解に陥らないようにしたいものです．

最後に，今回の誤解の背景ともいえる「目的志向の行動を忘れがちになる」のは，「標準・標準化」に限ったことではありません．常日頃の身の周りの生活，行動の中にも潜んでおり，「手段・方法が目的になっていることの事例」に，はっと気づくことがあるのではないでしょうか．

誤解 9

プロセスが大事だって？ 世の中は「結果」がすべてだよ！

はじめに：終わりよければすべてよし

「終わりよければすべてよし」は，17世紀初頭に著されたと推測されるウィリアム・シェイクスピアの戯曲に表れる言葉として今に伝わっています．現代においてこの言葉は，「物事は結果さえよければ，その過程で失敗があってもまったくかまわない」という言動への戒めを言外に秘めています．

LEDランプを製造しているある中小組織は，出荷検査ですべての製品を一定時間通電テストして断灯した不適合ランプを取り除き出荷することを徹底しています(**図表 9.1**)．その結果，顧客からの苦情はなく，評判も悪くありませんでした．このように，結果をチェックして適合品だけを選別し，顧客要求事項を満たす目的を達成することは組織経営の基礎です．一方，この組織は，不適合ランプを識別して手直しや廃棄する費用，また全製品を通電テストする電気代が財務を圧迫している問題を抱えていました．「終わりよければすべてよし」の思考のワナに陥ると，不適合品はなくならず，次第に競争力を失っていきます．

トップは，現状のままでは業績回復が難しいと判断し，品質管理担当に不適合ランプの発生原因を調査・分析するように指示しました．結果を管理すると

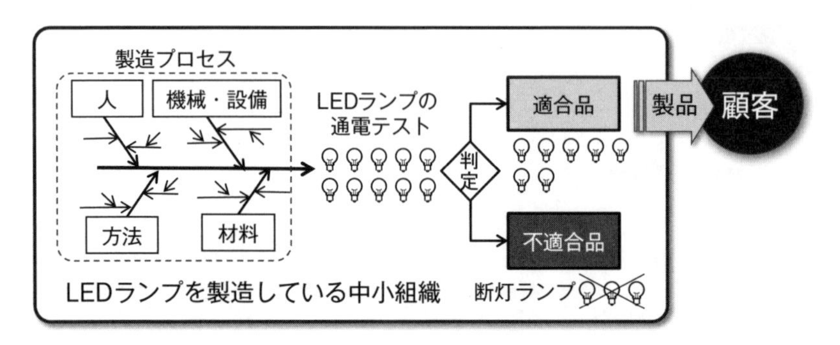

図表 9.1　不適合品を取り除いて出荷している組織の例

ともに，結果を見て製造プロセスを管理・改善してよい製品が常に生産できることが組織目的の達成に不可欠であると見極め，結果でプロセスを管理する取組を強化しました．

本章では，「結果がよければプロセスは何でもかまわない」という誤解を払拭し，結果でプロセスを管理することの大切さを解き明かします．

プロセスで品質を作り込む

結果は大事ですし，世の中も往々にして出た結果に目を奪われがちです．しかし，結果には，期待どおりよかったものもありますし，意に反してよくなかったものもあります．よくない結果が得られたとします．次はどうしますか．よい結果が得られたとします．次はどうしますか．再びエイヤッと突撃するのは，うまい方法とはいえません．

よくない結果が出た場合，また同じようによくない結果が出る可能性があります．一方，よい結果が出た場合であっても，たまたまかもしれず次も同じよい結果が出るとは限りません．「なぜだ」と考え，結果がよくても悪くても，その理由を考えて，次にやるときには失敗しない，よい結果を確実に出すようにすることが賢明です．では，どのように考えるのがよいのでしょうか．

先に挙げた組織のように，検査は大切ですが，検査でチェックして処置するよりも，プロセスで品質を作り込んで初めから品質のよい製品・サービスを実現するほうが効率的なのはいうまでもありません．

私たちが日々行っている個々の仕事の目的を達成するには，プロセスで品質を作り込むための行動が不可欠です．この行動は，よい結果を効率的に得るには原因系となるプロセスをよくしよう，という思想が根底にあります．

そこで，まずプロセスで品質を作り込むという視点から，「結果を管理する」ことと「結果で管理する」ことの意味は何か，何を管理したらよいか，なぜ原因系に着目するのかを考察します．「結果を管理する」と「結果で管理する」はたった１文字の違いですが，両者の意図を理解した品質管理の実践が必要です．

1 結果を管理する

結果を管理する目的は，望ましいアウトプットであるかどうかを見誤らないことです．この活動は組織経営の基礎に位置づけられ，プロセスの結果であるアウトプットをチェック(例えば，検査)し，管理項目や目のつけ所などの基準と比較して適否を確認したうえで，適合のアウトプットを次のプロセスのインプットとして引き渡します．不適合だったアウトプットに対しては，検出された不適合を除去する，アウトプットを修正あるいは特別採用または廃棄する，プロセスを止めるなどの応急処置をとります．これに合わせてなぜ不適合が発生したのか原因を追究する対応により，よい結果を得る確率を高めていきます．

2 結果で管理する

結果で管理するとは，プロセスの結果であるアウトプットを調べ，現行プロセスの良し悪しを評価し，その評価に応じて処置することを意味します．正常であれば現行プロセスを維持します．異常であれば，結果の悪さを修復するなどの応急処置に加え，原因を追究して再発防止処置を，また可能な範囲で未然防止処置をとり，安定した予測可能なプロセスを獲得していきます．

結果で管理する目的は，望ましいアウトプットが得られる可能性を高めることにあります．そのための活動は，結果を表す指標を見て，アウトプットを生み出す原因となるプロセスを管理または改善し，プロセスの安定状態を獲得することです．安定状態とは，標準・基準からの逸脱がなく，標準・基準に定められていない条件に関して通常の範囲を超える変化がない状態を指します．

3 管理する対象の明確化

プロセスの結果である製品・サービスを適切に管理する対象として，次の事項の明確化が必要です．

① 結果を生む一連のプロセス

② 一連のプロセスの各段階におけるインプット・アウトプット，作り込む品質(例えば，品質特性，規格値)

③ 品質を確保する一連のプロセスの各段階において，誰が，いつ，どこで，何を，どのように行ったらよいかの取決め

④ 個々のプロセスが安定しているかどうかを判定するための管理項目・管理水準などの基準

プロセスは，「インプットを使用して意図した結果を生み出す，相互に関連する又は相互に作用する一連の活動．」[1)]を意味し，「意図した結果」はアウトプット，製品，サービスなどが該当します．

〈事例 1〉

ある中堅組織には，この組織の調達部門が行っている受入検査ですべて合格となる部品を納入し続け，優良と思われていた仕入先がありました．ところが，この仕入先を品質監査したところ，中間工程や最終工程において少なからぬ不適合品が検出されていることがわかりました．そこで，この仕入先からの材料受入時に納入された部品の特性を特別調査してデータをとりヒ

ストグラムを書くと，規格限界のところで分布が不自然に切れていることがわかりました．再び仕入先に出向いて製造プロセスを観察したところ，不適合を手直ししたり，出荷時に全数検査を行ったりすることで，不適合品を取り除いて出荷していることがわかりました．仕入先は，結果を管理していたことになります．

このままでは仕入先の生産性が低く，両組織の利益も圧迫することが予想されたため，仕入先と協働で工程能力を高めるための製造プロセスの改善に着手しました．合同改善により製造プロセスの結果に大きく影響すると判明した原因を突き止めて作業標準などの見直しを行った結果，仕入先の工程能力が向上し，両組織の Win－Win 関係の強化に貢献しました．結果で管理する思考を取り入れた成果と見なせます．

4 原因系に注目

結果は原因に左右されます．これは宇宙を支配する法則です．よい結果を得ようと思ったら，原因系に注目するのが賢い方法です．これが結果を生み出すプロセスを対象に管理する理由です．しかし，プロセスに対してきちんと管理していても，常に満足な結果が得られるとは限りません．だからといってプロセスを軽視してよいという根拠になるわけではありません．100% ではありませんが，よい結果が得られる可能性を高めるために，原因系に注目し，プロセスを対象に管理するのです．そして，よい結果が得られる可能性をより高めるためにプロセスを改善し続けるのです．

プロセス指向

品質保証にはコストがかかる，という誤解が以前からありました．この誤解は，設計や製造プロセスに起因する不適合品を顧客へ引き渡さないように検査を厳重に行うコスト，修理・補償などで発生した費用がかさんだことが一因でした．これではダメだと，日本では1950年代からプロセスで作り込む品質特性と工程条件との関係を明らかにするために，統計的手法を用いた工程解析が真剣に行われました．この経験から学んだことは，よい品質を実現するうえで，結果を追うだけでなく，プロセスに着目し，管理し，仕事の仕組みとやり方を向上させることが得策という「プロセス指向」の考え方でした．

日本の近代的品質管理の父というべき石川馨先生は「検査に重点をおいた品質管理は，旧式な品質管理である」[14]とまで極言されました．仕事の結果のみを追うのではなく，仕事の仕組みややり方などのプロセスに注目し，管理することが，顧客や社会など利害関係者の満足を促し，組織の発展につながります．

1 プロセスの要素の明確化

プロセスは，何らかのインプットを受け，ひと，設備，技術，ノウハウ，資金などの経営資源を活用し，ある価値を付与したアウトプットを生成する活動を意味します．組織内の人ごとにプロセスの捉え方が異なっていては活動の一貫性が損なわれる恐れがありますので，プロセスの定義を組織内で統一しておくことが望まれます．

あるまとまった単一業務や要素作業においてインプットを受けて意図した結果を生み出す一連の活動をプロセスと捉え，その要素を明確にすることが肝要です．まず，プロセスの目的を決めます(例えば，意図した結果であるアウトプットは何かの明確化)．次に，この目的を実現するために何を受け取り(インプットは何か)，どのような資源を使い，どのような活動をするのかなど，仕事のやり方を決めます．さらに，その間にどのような状況把握や関与(例えば，測定・管理)をするのかを明らかにします．

プロセスに関わる要素[8]を次に例示しますので，参考にしてください．

- アウトプット：プロセスのインプットが変換されて出力される，a)製品，半製品，部品などのモノ，b)出力情報，知識，分析結果，知見などの情

報，c)最終状態など

- インプット：プロセスに入力され出力に変換される，a)原材料，部品，補助材，処理対象などのモノ，b)指示，入力情報，参考情報などの情報，c)活動前の対象の初期状態など
- 資源：プロセスの活動を支え，また投入される，広義の経営資源である，人材，供給者・パートナー，知識・技術，設備・機器，施設，作業・業務・労働環境，ユーティリティ(電気，ガス，水など)，支援プロセス，支援システム，インフラなど
- 活動：インプットからアウトプットを得るために必要な，実施事項，手順，方法，条件などの諸活動
- 測定・管理：プロセスの目的達成度合いと活動状況を把握し，管理するための測定・管理項目・管理指標(例えば，アウトプットの特性，プロセスの活動状況，プロセスの条件特性)など

2 プロセス保証

プロセスの結果として製品・サービスが生み出され，その結果が妥当であれば次のプロセスへ引き渡されます．次のプロセスは，仕事の結果を引き継ぐ組織内の後工程の場合もありますし，最終的には組織の顧客・使用者・利用者・社会などになります．

プロセスは複雑に絡み合って相互に影響し合い，またプロセスの変更や変化などに伴いプロセスの要素を常に一定に保つことは困難です．この条件のもとでプロセスの結果を評価する何らかの特性(例えば，寸法，重量，強度，硬度，純度)を決めてデータ・事実で実態を把握し，特性の傾向を見ることや規格と対比するなど，何らかの基準と照らし合わせて，プロセスが正常かどうか，品質が適合かどうかを判断します．

正常で適合と判断されれば，アウトプットを作り出した現行プロセスを維持します．一方，異常や不適合と判断されれば，プロセスを止める，検出された

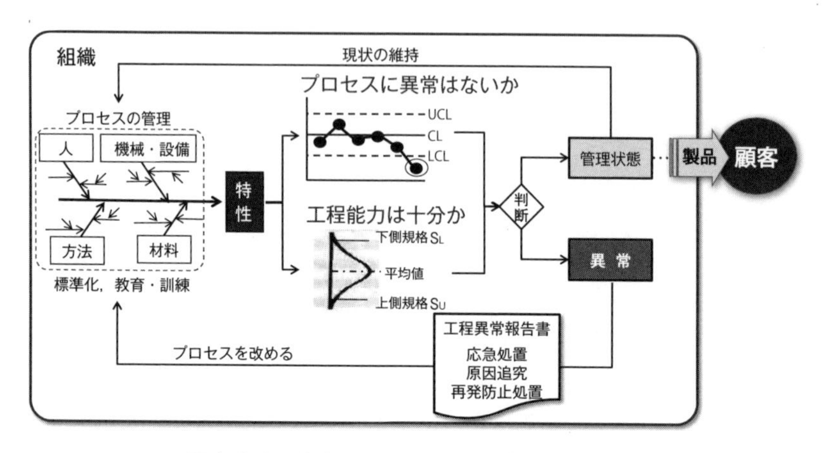

図表 9.2　安定した予測可能なプロセスの概念

不適合を除去する，アウトプットを修正する，全数検査に切り替えるなどの規定された応急処置をとり，現行プロセスから通常と異なるアウトプットが次のプロセスへ引き渡されないようにします．同時に，なぜ異常や不適合が発生したのかを工程異常報告書などで原因追究して再発防止処置を盛り込んだ標準を制定または改訂し，プロセスを変更します．変更したとおりに作業できるように作業者を教育・訓練したうえで，結果がよくなったかを確認することによって，安定した予測可能なプロセスにしていきます(**図表 9.2**)．これらの行動が，プロセス保証の自然な取組みになります．

「プロセス保証」は，プロセスでの品質の作り込みを意図し，「プロセスのアウトプットが要求される基準を満たすことを確実にする一連の活動」[3)]を意味します．プロセス保証は，決められた手順とやり方のとおりに実施することで，プロセスの最終アウトプットを目的や基準どおりになるようにするための一連の活動を指します．

〈事例 2〉

ある組織が検査データを改ざんして不適合品を次のプロセスに引き渡してしまう品質不祥事が起こり，社会的な不安を誘発しました[10)]．不適合にもかかわらず適合にしてしまう検査データの改ざん行為は，結果を管理する行動から大きく逸脱します．これのみならず，原因追究して再発防止処置をとる活動に結びつかないことから，プロセスを見直す行動にも取りかかれません．したがって，結果でプロセスを管理する視点からプロセスを正していくことには到底至りません．

この事例から学ぶべき教訓は，現行プロセスの問題が改められなければ，行きつくところは意図しない異常や不適合を出し続け，品質問題が止まらない負のスパイラルに陥ってしまうことです．プロセスで品質を作り込むという意味を理解し，実践する組織文化を形成しなければなりませんが，体質改善には時間がかかり，一朝一夕に健全な組織文化の獲得は至難です．

業務の質の管理

石川馨先生は，品質保証という観点において，「品質は設計と工程で作りこめ，品質は検査により作られるものではない」[14]と指導されました．また，「“うちは全数検査をやっている”ということは，“うちの製品には不良品がはいっている”ということを保証しているようなものである」[14]とも戒めています．

すなわち，品質の良し悪しは業務の質に大きく依存することになり，業務の質の管理が重要になります．業務は，使命・役割を達成するために行う必要のある活動・行為を指します．

1　業務の質を管理する4つの視点

業務の質を管理するときの不備や脆弱性を慎重に考察すると，次に示す4つの重要な視点とその要件が浮かび上がります[8]．

① よい結果を生み出すプロセスを明確に規定する．

- プロセスのフロー図などでプロセス(工程)の流れを定義する．
- いくつかのプロセスをまとめたユニットにおいて，各プロセス(工程)における入力，出力，手順などを定義する．

- 担当，協力方法，コミュニケーションなどの役割分担を確立する．

② プロセスの重点管理などによって，失敗をしないようにする．

- 過不足なく目的や手段の展開ができるようにし，計画における抜けを防止する．
- 難しい仕事や大切な仕事を特定して重点管理を行う．
- 標準化などによって，経験をうまく活用し，知識を再利用する．
- 考慮事項の抜けの防止，関連性の正しい把握，妥当な判断などができるように，難しい仕事を容易化する．

③ 失敗は早く見つける．

- 適切なステップにおいて評価を行う．
- 評価項目の抜けの防止ができている．
- 使われ方を考慮した評価条件になっている．
- 合理的な判断基準である．

④ 失敗を迅速・適切に処置する．

- 失敗を覚悟し，それを予測して代替案を準備する．
- 起きた問題を正しく認識する．
- 原因を特定できる．
- 効果と副作用を予測し，妥当な対策案を案出する．
- それを確実に実施する．

上記の4つの視点に照らして業務の質の管理が実行され，実効を上げているかどうかを自己評価することが望まれます．

2 一回限りに見える業務の質のプロセス管理

業務の質を管理するという考え方は，量産品の工程管理で有効なことは当然として，建設，ソフトウェア開発，設計・開発など一回限りに見える業務プロセスの質を管理する面でより重要性が高くなります．

〈事例3〉

ある建設会社が施工したマンションが傾き，調査したところ杭工事のデータ偽装が発覚し，全棟建て替えに迫られた事件がありました[11)]．この事件は，居住者の生活不安，建物の解体・再施工に伴う騒音・振動など地域の生活環境悪化やエネルギー消費・二酸化炭素発生など好ましくない環境負荷増大を招き，事業者である不動産会社・建設会社・杭施工専門工事会社の信用低下など，甚大な影響をもたらしました．

この事例を業務の質を管理するという視点から考察すると，次の面で不備または脆弱性があったのではないかとの懸念が浮かび上がります．

- 建設事業の全体工程と，その部分工程である杭工事工程とを相互関連させて正確につかんだ設計と施工の実施
- 複雑な地質の杭工事において，過去の経験と知識を活かして何が重点かを見極めた落ち度のない施工計画の立案
- 杭工事の品質を評価する項目，条件，判断基準を固有技術と経験をもとにした設定
- 杭工事に関わるすべての関係者の責任・権限，協力方法，意思疎通を確立した設計と施工
- 杭工事の作業標準などの関係標準の作成と遵守の徹底
- 杭工事の失敗を早期に発見して再施工，補強，工程見直しなどの妥当な対策案，代替案，処置などの周到な準備

対象物件だけを見ると繰り返しのない一回限りのプロセスのように錯覚しますが，事業を継続しているからには同じようなプロセスが過去に存在していたはずです．経験を学習して次の仕事に活かし，業務の質をよくして管理していくことができなければ，持続的成功の絶好の機会を逸することになります．

安定した予測可能なプロセス

プロセスで品質を作り込むには，標準を遵守して業務を実施し，意図した結果が生み出されているかをチェックし，あってもやむを得ないと考えられる原因のばらつきだけでプロセスが変動している状態を維持することが要諦です．プロセスを管理するときに留意することは，プロセスの結果はさまざまな原因によってばらつくという視点です．プロセスやその結果に影響する原因のすべてを厳格に管理することは不可能に近く，経済的な負荷も無視できません．

1 見逃せない原因

結果をチェックしたときに，プロセスにおいて見逃せない(許容できない，避けられる)ばらつきがある異常，不適合，望ましくない事象などを検出したら，これに伴う損失や影響の拡大を防止するために，再発防止処置に先駆けた暫定措置として手直しや不適合の除去などの応急処置をとります．

これと並行して，プロセスにおけるインプット，リソース，活動，測定・管理の何が原因なのかを事実・データに基づき深く調査・分析して原因を取り除き，再び同じ原因で発生させないための再発防止処置をとり，速やかに安定した予測可能なプロセスに復帰させます．

標準を守らなかった，原材料が変わった，設備性能が低下したなど，結果に与える影響が大きく，安定した結果を得るうえで見逃してはならないと考えられる原因を管理の対象に取り上げるのが合理的です．一方，結果に与える影響が小さく，技術的・経済的に突き止めて取り除くことが困難または意味のないと考えられる原因は，管理の対象から外します．結果でプロセスを管理するには，結果に影響する原因を認識することが要点です．結果に影響を与える原因は何かという見方から精査し，影響の大きな原因は見逃さず，影響の小さい原因は取り上げない見極めが実務面で大切です．

② 異常処置

通常と異なる異常が発生した場合，その発生状況，応急処置，原因追究，再発防止処置，効果確認，関連標準の改訂と水平展開など，異常の検出から再発防止に至る一連の活動を組織的に行うための情報の媒体として工程異常報告書が使われます．この情報を組織知として活かし，組織の最も優れた方法を標準として取り決め，プロセスにおける管理の対象に取り上げることが効率的な業務遂行を促します．

異常を検出したらただちにプロセスを調査し，異常の原因を取り除き，再発防止するための標準化への取組みが要になります．この場合，異常と不適合とを混同しないように注意してください．「異常」は，いつもと違って，プロセスが技術的・経済的に好ましい水準における安定状態にないことをいい，製品・サービス，プロセス，システムが定めた基準(例えば，規定要求事項，規格)を満たしていない「不適合」とは明確に区別します．

品質保証の体系化

組織内の設計，生産，調達，販売，管理間接などの機能を担う部門が，それぞれの使命や役割を達成するために行う必要がある活動をバラバラに行っていては，全体最適にならず，顧客のニーズ・期待に合った製品・サービスの提供を妨げます．部分最適でなく全体最適の業務遂行を実現するうえで，あるまとまった単一業務や要素作業をプロセスと見なし，相互に関係するまたは作用するプロセスをネットワーク化し，プロセス相互の有機的な連携を具現化することが目的達成の可能性を高めます．

対象にしている業務がある程度以上大きくなると，インプットをアウトプットに変換するためには，1つのプロセスだけでは管理が難しくなり，いくつかのプロセスを連結させた一連の活動としてとらえる必要があります．この場合，どのようなプロセスが，どのような順序で，どのように連結すれば意図した結果であるアウトプットを生み出せるのかを考察し管理することが求められます．

1 プロセスフロー

ある程度大きくまとまった業務を，適度な大きさと適度な単純さをもった小さな活動の連鎖で捉えて個々の活動間の関係を把握し，プロセスフローを用いてネットワーク化することで精緻な管理が可能になります．プロセスフローは，1つのプロセスのアウトプットが次のプロセスのインプットになる関係で構成された複数プロセスが，ねらいとする価値を提供できるように表した流れを指します．1つのプロセスのアウトプットが複数のプロセスのインプットになる場合もあれば，複数のプロセスのアウトプットが1つのプロセスのインプットになる場合もあります(**図表 9.3**)．

業務の流れを縦軸に，担当部門を横軸にとってプロセスフローを描けば，業務を実施するための活動をどのような順序と構造で，どの部門が担当するかを明確にできます．

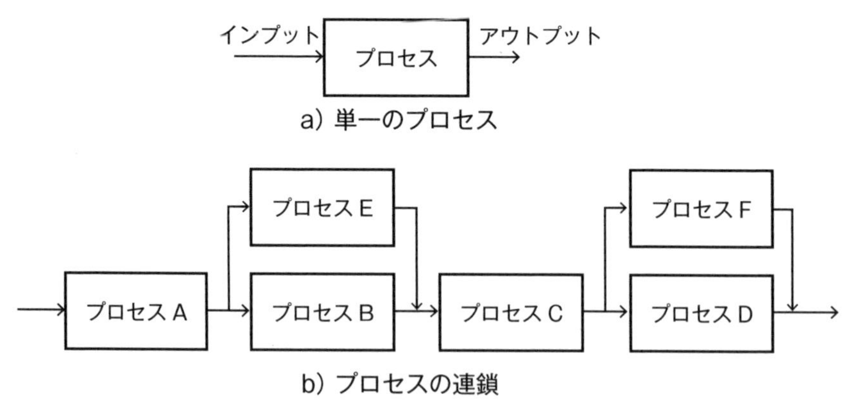

出典） JIS Q 9027：2018「マネジメントシステムのパフォーマンス改善―プロセス保証の指針」，p.33，図 A.1

図表 9.3　プロセスフローの概要

2 品質保証体系図

品質を達成する仕組みという観点からプロセスフローを描けば，品質保証の体系を視覚化できます．「品質保証体系図」は，縦軸に製品・サービスが企画されて廃棄などに至るまでのすべての段階をとり，横軸に品質保証に関連する関係者(例えば，お客様，営業，設計・製造・品質保証などの部門，供給者・協力会社などのパートナー)を配置したうえで，どの段階でどの関係者が品質保証に関してどのような活動を行うかを公式的に視覚化したものです(**図表9.4**)．

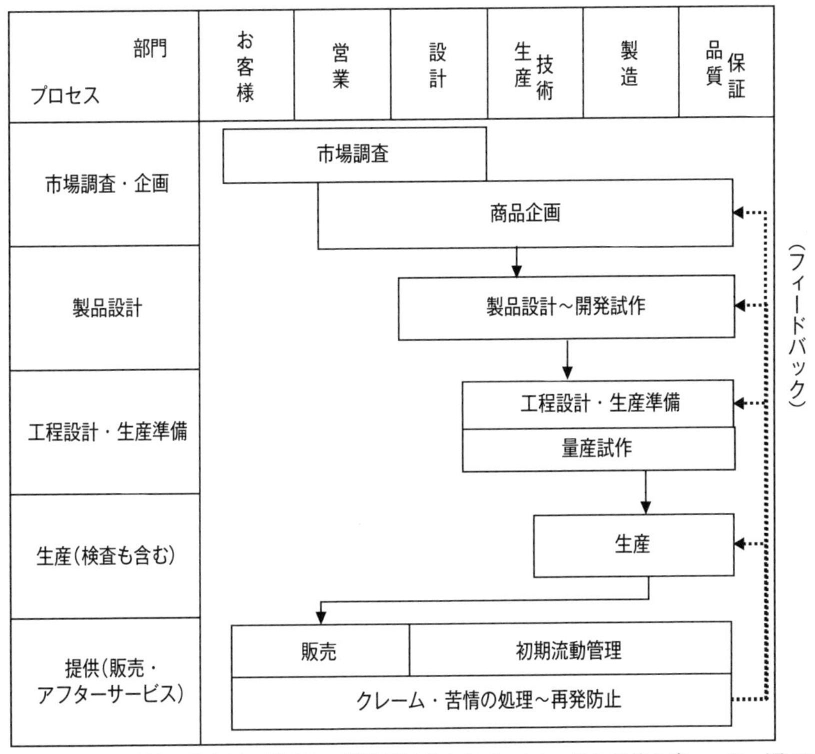

出典)　日本品質管理学会編：『新版　品質保証ガイドブック』，第Ⅰ部第3章，p.27，図3.9，日科技連出版社，2009をもとに作成

図表9.4　品質保証体系図を簡略化した例

品質保証体系図は，品質保証のための一連のプロセスを透明性をもって表し，品質保証を行ううえで必要となる固有技術，この技術を活かすための管理技術などを体系的に品質保証に関わっている関係者に伝承する重要な役割を担っている点も見逃せません．

まとめ：よい結果を生むプロセス

顧客・社会のニーズ・期待の変化に適応する製品・サービスを生み出し続けるには，プロセスをよくする時宜を得た見直しが欠かせません．そのため，よい結果を生むプロセスにするための維持向上，改善または革新を弛まず繰り返すことが必須となります．よいプロセスは，プロセス至上主義に固執することではなく，また無視し得る些細なプロセス条件のすべてを標準化することではなく，よい結果を生み出すための安定した予測可能なプロセスを指します．

継続的に実施される業務において，結果で一喜一憂するより，望ましい結果を得られる可能性を高めるほうが優れています．結果さえよければ途中の過程や失敗は水に流そうなど，よい結果なら何事も厭わないという誤解に陥ることは非常に危うい思考です．結果を管理し，結果でプロセスを管理することによって，よい結果を安定して生み出せるプロセスを確立することが不可欠です．

誤解 10

失敗の分析？
過去を振り返っても
暗くなるだけじゃないか！

はじめに：失敗の経験

日常生活において，起こしてしまった失敗を悔やんだり，失敗を責めたくなったりすることがあります．一方，失敗を経験しても“水に流す”という諺のように，過ぎ去ったことを咎めたくないという気持ちから，失敗の理由を深く探らないで済ませてしまうこともあります．

身近な失敗の経験は数多くあります．梅雨のある日に傘をさして出勤しましたが，終業時に晴れていたため傘を忘れて帰宅し，注意しなければと反省しました．翌日は晴れていたため，また傘を職場に忘れて持ち帰らず，家族から失笑されるありさまです．誰とはなしに同じような失敗を重ねた結果，職場に忘れ傘が次第にたまる事態になりました．

忘れ傘の場合は呆れられるくらいで済みますが，顧客や社会のニーズ・期待に合う製品・サービスを提供する組織の場合は，失敗への対応を誤ると致命的な影響を引き起こします．2010 年代半ばに即席麺への異物混入事件がありました[12]．全商品の自主回収，約半年間にわたる製造・販売中止による生産設備の再整備，容器改良など，莫大な費用を要したことは想像に難くありません．このような失敗を繰り返したくないと関係者が願うのは素直な気持ちです．

さまざまな形の品質不祥事の責任を問われた経営層が陳謝に迫られ，その場しのぎのような反省の弁の言葉選びに苦労している場面にも遭遇します．失敗を厳しく問われる立場にわが身が置かれれば，過去の失敗はすべてなかったことにしたいという心情も起こり得ます．

過去の失敗を振り返っても将来役に立つかわからないし，暗くなるばかりというのは本音かもしれません．しかし，これで済ませて事足りるでしょうか．本章は，「失敗の分析？　過去を振り返っても暗くなるだけじゃないか！」という誤解を解き明かします．

誤解の背景

失敗を分析したり，過去を振り帰ったりしても役に立たないという誤解は，次のような思いが背景にありそうです．

- 失敗の責任を問われるから，そのままそっとしておこう．
- 済んでしまったことは仕方ないから，あきらめよう．
- 未来のことはわからないから，過去の経験は使えない．
- 失敗の分析が苦手で，分析の仕方がわからない．

これらの誤解を解くには，どのように考え，どのように対処したらよいか，その糸口を探っていきます．

失敗の責任を問われる

人間は失敗する生き物といわれます．誰でも間違えたり，ミスしたり，エラーしたり，失敗してしまうのは必然と見なすのが妥当です．仕事中にミスし，所期のねらいと異なる結果になり失敗したときに，どうしても個人(当事者)に原因を求めがちとなり，誰かが失敗の責任をとって形式的に事態を収束することで取り繕ってしまいます．しかしながら，悪意がある場合を除いて，当事者は決められた手順や業務のやり方に従ってやろうとしていたものの，結果として失敗してしまったのならば，当事者が失敗の責任を取っても何も解決せず，将来また同じ失敗を繰り返してしまいます．

 経験を活かす

失敗をしてしまったら，故意での行為でなければ失敗を貴重な経験ととらえ，経験から何かを学ぶほうが賢明です．失敗などの経験を糧に育んだ知恵を活かしてきたことが，人間が霊長類として今日まで生き永らえた理由とも考えられます．

〈事例1〉

新幹線の運転本数を増やすため，秒単位で業務時間を短縮するダイヤ見直しが行われる現代でも，時速280キロで走行中の新幹線のドアが開く事件が発生しました[13)]．人は念を入れたはずの安全面でもミスを犯してしまいます．清掃員が次の作業を考えていて無意識に，手順にないドアコックを開けてしまい，閉め忘れたのだそうです．ドア近くに人がおらず大事に至らなかったのが不幸中の幸いといわざるを得ません．この失敗をそのまま放置していては，大事故を起こす恐れがあります．鉄道会社は，ハードとソフトの両面での対策を検討して再発防止に努める，と表明しました．

経験を活かして労働安全に寄与した身近な事例もあります．ある事業所の避難訓練時に，従業員同士が非常階段で衝突しました．聞き取りや実地調査を行ったところ，使用頻度の少ない非常階段では昇降標準がないことがわかり，右側通行などを標準化し，標準遵守を確認しました．ところが，標準を守っていた従業員が階段で滑ったケースがあり，その状況を調べると，手摺のないほうの階段で滑ったときに体を支えにくいことがわかりました．そこで，階段の両側に手摺を設け，手摺を握って昇り降りする標準に改訂しました．この事例は他事業所へも水平展開され，未然防止に役立ったそうです．

忘れた人が不注意だとか，ぶつかった人が迂闊だとか，滑った人がそそっか

しいとかなど，人を咎めるのではなく，同じ原因で失敗を繰り返さないように経験を活かしてルールを直すこと，あるいはエラープルーフ化していくことが，安心して働ける職場環境作りに貢献します．とくにヒューマンエラーの配慮が必要な事案については，人間中心システム設計の原則でハード，ソフトの両面からコトが起きないように，そしてたとえ起きても重大事に至らないようにするための対応策を考えるべきです．

② 過去の失敗から学び，将来は同じ失敗を繰り返さないプロセスへの改善に着眼

品質管理は，同じような原因で同じような失敗を二度としないように事実・データで経験を次の仕事に活かすことを重視しています．この思考を実務でどのように実践したらよいかは，失敗を人の責任に負わせるのではなく，失敗を起こしたプロセスに着眼することです．プロセスの問題に注目して原因を分析し，再発防止処置をとり順守することが要点です．すなわち，失敗という仕事の結果を生んだプロセスの良し悪しを深く掘り下げることを志向します．

誰かの経験を活かして，正しくよいことがすでにわかっているやり方を活用することで，質と効率を同時に達成することができます．これは，ベストプラクティスを共有する手段であり，現時点で最良と思われるやり方を取り決めて，正しいことやよいことを利用することが賢明です．失敗をした人を責めるマイナス思考ではなく，失敗を教訓として関連するプロセスにメスを入れる組織文化の醸成と実践によって，将来こそは同じ過ちを繰り返さないプロセスを確立していこうとする思考・行動様式が必要です．

済んでしまったことは仕方ないことなのか？

失敗を起こしてしまったのならば，その結果自体は受け入れざるを得ません．しかし，これで済ませてしまうと，また失敗を繰り返す恐れがあります．したがって，「済んでしまったことは仕方ないから，失敗を分析しても役に立

たない」という誤解を払拭することが肝要です．

 失敗・成功の教訓

起こしてしまった問題を悔やむことや，誰かを責めることは，不毛を招くばかりです．深く分析する目的は，そこから教訓を得ることです．経験には将来に活かせる知見がたくさんあるはずで，経験から個人や組織が教訓を得ることによって，類似の知識や類似の仕組みを使い，類似の製品・サービスを将来にわたって安定して提供し続けていくことができます．

失敗はもちろんのこと成功には何らかの理由があり，理由がわかれば個人も組織も成長できるというのが，経験した失敗あるいは成功から教訓を学ぶための基本思想です．品質管理は，問題の解決に際して原因を明らかにすることや，類似メカニズムで起こる将来の不具合を再発防止・未然防止することを強調しており，そのための真因や根本原因を突き止めて学習することを勧めています．

2 学習

学習の大切さはわかっていても，言葉ほど簡単ではなく，将来応用できる知識を得るのは容易ではありません．しかし，済んでしまったことは仕方ないとあきらめてそのまま放置せず，そこから何らかの教訓を学ぶことが役に立ちます．組織が改善・革新を促進するための学習をするには，次のような考慮が必要です．

- 失敗・成功事例を分析し，その結果を共有する．
- 組織がすでに獲得している教訓や知識を標準化し，周知する．
- 顧客など利害関係者と協働して共体験する．
- 事業環境，市場構造，技術，競争優位性などの変化を的確に把握する．
- 個人の洞察力，分析力，情報収集力などを向上する．

- 失敗を許し，積極的な試みを奨励する組織文化を醸成する．

失敗してしまったときは，次の事項を念頭に置いて行動することが，将来応用できる知識の獲得に寄与します．

① ねらいどおりの結果を得るためのプロセスが決められていたか，決められていなかったかを調べる．プロセスは，文書化された標準として規定されている場合や，文書化されていない慣例などに従って運営される場合がある．

② プロセスが決められていた場合は，このプロセスを順守したか，しなかったか調べる．

③ プロセスを遵守した場合は，現行プロセスに何らかの不備があって失敗したわけなので，再発を防止できるプロセスに変更し，教育・訓練する．一般的には標準を改訂することになる．

④ プロセスを遵守しなかった場合は，その理由を確かめプロセスの周知，教育・訓練，エラープルーフ化などの対策を検討して講じる．

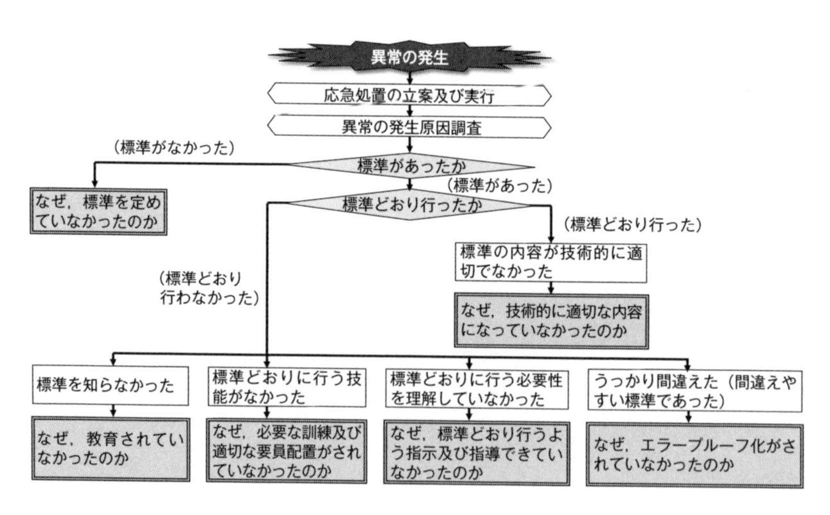

出典） JIS Q 9026：2016「マネジメントシステムのパフォーマンス改善—日常管理の指針」，p.15，図 6

図表 10.1 標準に基づく原因追究のフロー

⑤　プロセスが決められていなかった場合は，失敗した原因を三現主義（現場・現物・現実）で調査して，なぜなぜと分析し，副作用を考慮したうえで再発を防止するプロセスを標準として制定し，教育・訓練する．

この行動は，日常管理において検出した異常に対処するためのアプローチと符合します．例えば，異常が発生してしまったケースで，標準がなかった場合はなぜ標準を定めていなかったのか，標準があっても標準どおり行わなかった理由として標準を知らなかった場合はなぜ周知されていなかったのか，うっかり間違えた場合はなぜエラープルーフ化ができていなかったのかなどを三現主義で考察することによって，異常を防ぐ手立てを考察することができます．日常管理において標準に基づき原因を追究するフローを**図表10.1**に示しますので参考にしてください．

3　標準化

対応策が継続的に有効であることが確認できたら，対応策を標準化し，順守することになります．経験を通して，よい結果が得られるとわかった知識を繰り返し使うための取決めを標準化し，これを遵守すればよい結果が得られるのは自然の理です．

標準化は，効果的で効率的な組織運営を目的に，共通にかつ繰り返して使用するための取決め（標準）を定めて活用する活動です．この活動のねらいは，最も優れた方法を標準として定め，関係者全員が標準に則って行動することで，効果的で効率的に仕事を行うことです．標準化は単なる画一化をめざしているのではありません．標準化によって，知識の再利用や経験の有効活用が進み，目的を達成するための最適手段を考える行為を省略することができます．また，標準化は，考えなくてもよいことを考えないで済ませる有力な方法になります．

「済んでしまったことは仕方ない」という誤解を解き，深い分析により本質を把握し，教訓から学び，標準化することが得策です．失敗や成功から得た教訓を学習して個人や組織の知として蓄え，将来同類の状況が発生したときに処置のコツとして活かすことが要諦です．

未来のことはわからない？

明日は何が起きるかわからないのは，万人が承知するところです．しかし，未来のことはわからないから，失敗を分析しても役に立たない，という硬い殻を破らないと誤解を解けません．

実は，後工程や顧客からの苦情やクレーム，工程内不良，作業ミスなど失敗をよく調べると，過去に似たような状況に先達がすでに苦い経験をしていることがほとんどです．したがって，未来において直面する多くのことのうち，本当に初めての経験はそれほど多くないことに気づきます．もちろん，過去に経験したことと未来で経験することがまったく同じ文脈・状況であることは稀ですが，似てはいます．類似の文脈・状況では同じように正しい対応が求められるわけですから，過去の失敗を反面教師に，将来に活かせる知見を得ることは決してムダなことではありません．失敗の経験から何かを学んで本質的な教訓を得て対応すれば，前車の轍を踏まないで済むはずです．

1 原因を深く考える

起こしてしまった失敗を材料にして失敗のわけを教訓として学習を重ねれば，個人も組織も成長できます．失敗という結果は原因があって起こりますから，深い原因分析が必要になります．正しい教訓を得るには，問題発生のメカニズムの全容を考察し，問題と問題を誘引した原因との因果関係をどこかで断ち切ります．そして，現実的で実質的な対策として，広い視野から吟味した再発防止処置をとることが基本になります．因果関係をうまく断ち切れば効果が現れます．期待した効果を得られなければ，因果関係の考察に戻ります．

品質管理は，失敗など問題が起きた場合，深い洞察と処置をとることを勧めています．科学的な問題解決法，さまざまなQC手法などを用いて，現象から根本原因に遡る解析を行い，再発防止を行います．再発防止のねらいは，将来何かあったときに適切な対応を行うことや，類似の問題が起きないようにすることです．

2　再発防止

製品・サービスの失敗では，次の事項に再発防止処置をとると効果的です．

- 苦情・クレームなどと同一の製品・サービス
- 他の製品・サービス
- 設計・製造・評価などのプロセス
- 品質保証システム

将来何らかの問題が発生しても，原因が除去されて再発防止処置が行われていれば，同じ原因での問題は再発しません．失敗する因果構造を理解し，原因に手を打つことを定着することで管理レベルの向上も促されます．しかし，原因と思わしいものすべてに対する対策はお勧めしません．対策候補の効果，経済性，実現可能性，対策実施の継続性や副次作用などをよく精査し，効果の小さい対策や守れない対策は採用せず，実のある現実的な対策を実施します．

3　未然防止

品質管理における問題解決では，起こった問題に対して適切に対処するのと同時に，今後起こりそうな類似問題に対応するための教訓を得て，管理レベルを向上することが推奨されます．これに通じる思考として，未然防止という視点があります．再発防止と未然防止との区別を一概にはいい表しにくいのですが，再発防止は起きた不具合の原因除去をねらっていることに対し，未然防止は事前に原因除去をしてまだ起きていない不具合発生の防止をねらっていると捉えられます．

まだ起きていない事象の原因を除去しようというのですから工夫が必要です．この世の誰も過去にまったく経験したことのない事象は，まず予測できません．しかし，この世のどこかで過去に起きた事象の発生状況や発生メカニズムが解明できていて，本質的にそれと同じ状況，同じ因果メカニズムが起こり得ると考察できる事象については，発生を予測し予防することが可能です．これが未然防止，あるいは予防処置というものです．したがって，効果的な未然防止ができるかどうかは，起きた問題の原因分析においてどこまで本質に迫まれたかどうかに依存することになります．このことについて，以降でさらに考察を進めます．

〈事例2〉

過去の経験を活かしながら今まで経験したことのない事業に踏み込み，未来を切り開いた実例に宇宙開発があります．探査機「はやぶさ」は，致命的な失敗には至りませんでしたが，複数のトラブルに見舞われ，満身創痍の様相で地球に帰還した姿が感動を呼びました．もし失敗していたならばその後のプロジェクトが立ち行かなかったともいわれています．

初号機「はやぶさ」は，失敗の経験をもとに次期機種の設計・製造に対処し，未知の領域に臨んだ成功例となりました．経験を活かし，イオンエンジンやアンテナなどに改良を加えた後継機「はやぶさ2」が宇宙の起源を探る糸口とロマンを携え地球への数カ年の帰路をまっとうしました．貴重なサンプルを内包したカプセルの着地点は先代機の経験をもとに，前回と同じオーストラリアの砂漠地帯で計画どおりに回収されました．「はやぶさ2」は未来へ向けて再び地球を離れ，ミッションを継続できました．

起こった問題ではなく，起こりそうな問題に対応することを未然防止ととらえれば，未然防止は基本的に従来の問題解決と同様の対応で可能ではないかと思い至ります．しかし，経験していないことに端を発する問題を事前に防止するのは困難を伴うのが通例です．「はやぶさ」の事例は，実施に伴って発生すると考えられる問題をあらかじめ計画段階で洗い出し，それに対する修正や対策を講じており，この行動は管理における予測と予防という概念の重要性を示唆しています．

未来はわからないとあきらめず，失敗の根本原因を明らかにし，未来に活かせる教訓が得られれば，類似のメカニズムで起こる将来の不具合を未然防止することがかないます．

失敗を分析する方法がわからない

失敗を分析する方法がわからず，そのまま放置していたため失敗が再発したという経験は少なからずあります．失敗をきちんと分析するには，分析対象について，問題が起きていることの本質的な状況を理解する必要があります．例えば，問題が起きる共通の原因や問題の様相を認識したり，因果関係の一般化や抽象化したりする能力が必要です．この能力を一朝一夕に獲得するのは至難ですが，品質管理を真面目に，愚直に継続する過程で，個人や組織の能力向上が進みます．

科学的アプローチ

失敗を深く分析するには，科学的アプローチが役に立ちます(**図表10.2**)．観察→仮説→検証→一般法則化のサイクルで物事の理解を深めていく方法によって，原因分析が可能になります．科学的な問題解決法も基本は同じで，失敗や問題の発生に応じて，状況の把握→構造と原因の理解→対策(応急処置，再発防止処置，未然防止処置)というステップをとります．

実務的には，問題(失敗など)の発生状況の把握，問題発生のメカニズムの解明，問題への対応が必要になり，次の進め方を参考にしてください[8]．

① 問題を発見し，特定する．そのうえで，問題に関するさまざまな事象を観察し，状況を把握する．何が起きているのか，何が事実で，何が推測かなどを注意深く調査し，問題に関する実態の状況を把握する．

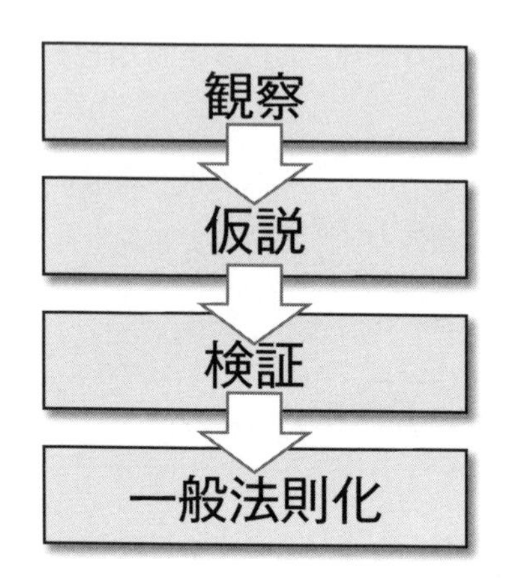

図表 10.2　科学的アプローチ

② 因果関係を考察する．状況把握の結果をもとに問題が発生する原因や理由について論理的な因果関係の連鎖を整理する．

③ 事実に基づく論理的思考により問題発生の想定メカニズム(仮説)を設定し，いつ起きていつ起きないか，論理矛盾はないか，見落としはないかなど因果関係を検証する．問題発生のメカニズム想定では，原因を決めつけず，起きている事象の実態や特徴を把握する．

④ 問題発生のメカニズムの全容を考察し，因果関係の連鎖のどこを断ち切れば問題発生を防げるか，どのような連鎖に誘導して落ち着かせるのがよいかなどを解明する．

⑤ 検討している対応策の効果，影響(例えば，副作用，副次効果)，その対応策に必要なコストや投資などを評価し，実現可能で合理的な対応策を確定する．決して「原因をすべてつぶせ」という考えに陥らず，できないこと，費用対効果がよくないこと，副作用が大きいことなどには対応しないようにする．

〈事例 3〉

ある建設会社は，設計・施工した事務所ビルの定期検査時に窓隅部に微細なヒビを発見しました．対象物件を洗い出して調査した結果，窓形状でヒビ発生度が異なることに気づきました．シミュレーションすると窓の面積と縦横比の条件によって，地震やコンクリート乾燥収縮などで窓枠隅に力がかかるとヒビ発生が顕著になり，実験でも検証しました．

検討結果をもとに，設計仕様の改訂，ヒビ割れ防止の補強，ヒビ誘発目地の防水処置標準の改訂などをしました．また，失敗モードとして知識データベースを追加してFMEA(Failure Mode and Effects Analysis：故障モードと影響解析)を見直し，技術者教育や設計審査対象にしました．失敗に至ったメカニズムを解明し，再発防止・未然防止に役立たせました．

2　問題解決能力

分析には問題解決能力が不可欠です．問題解決の場面において，どのような能力が必要になるかを**図表10.3**に例示しますので参考にしてください．

3　未然防止のための改善の進め方

個々の発生頻度は低いものの，あらゆるところで起こりそうな問題の場合，モグラ叩き的な対応に陥りがちです．しかし，断片的に見える事象も偶然に起こっていることは稀で，それぞれの深い理由を把握し，失敗に至るメカニズムを整理すれば，起こりそうな問題に対しても相当程度まで予測可能な領域に踏み込めます．

問題を予測して未然防止するには，過去に発生した問題を類似性に基づいて整理し，いろいろな状況で汎用的に適用可能な共通的なものにまとめ上げて活用する方法が役立ちます．その方法として，未然防止型QCストーリーという改善手順が開発され，次の手法が提唱されています[8)]．

- 製品・サービス，業務，設備・機械などの設計・計画を目で見える形で描き表すためのプロセスフロー図，機能ブロック図

図表 10.3　問題解決能力

	必要とする問題解決能力
把握	その問題の何が，どの程度，どのような意味で問題なのか，その問題がどのような関係者の間のどのような環境・制約条件での問題なのか理解する力
目標	その問題のどの側面を，どの程度まで改善すべきかについて，ある程度合理的で，明確な目標を設定する力
目算	解決に至るシナリオ(実態把握，原因分析，対応策立案，対策の実施の方法など)を描く力
事実	問題の実態を事実によって把握する力
調査	その種の問題が過去にどう解決されたか調査する力
論理	問題発生の仮想的メカニズムを論理的に組み立てる力
実証	調査，実験，解析，論証などにより，仮説を実証して問題発生メカニズムを究明する力
手法	実態把握，原因分析において，必要に応じ，適切な手法を使いこなす力
対策	問題発生の因果メカニズムの本質を理解したうえで，現実的な対策案を立案する力
余病	対策案が引き起こすかもしれない副作用について考察する力
効果	問題発生メカニズムの確認も含め，対策の効果を確認する力

出典）飯塚悦功：『品質管理特別講義　基礎編』，日科技連出版社，2013.

- 過去の失敗を収集・整理するための失敗モード一覧表
- 失敗モード一覧表を適用し，起こりそうな失敗を洗い出すFMEA
  (FMEAを上手に活用するには，発生し得る故障モード，ならびにその故障モードの発生原因と影響連鎖のメカニズムに関する深い知識をもっていることが求められます)
- 洗い出された失敗について，対策の必要な失敗を明確にするためのRPN
  (Risk Priority Number：危険優先指数)

問題解決に際し失敗を味わった先達の苦い経験を反面教師とします．貴重な知見を体系化し，再発防止・未然防止を図っていく有用な改善の進め方として未然防止型QCストーリーの活用が期待されます．

まとめ：失敗から学ぶ

「未来はわからず，なるようになるのだから過去の失敗を振り返っても役に立たないし，暗くなるばかり」という誤解を払拭するために，「失敗の責任を問われる，済んでしまったことは仕方ない，未来のことはわからない，失敗を分析する仕方がわからない」という誤解を生んだ背景を起点に考察しました．

失敗を仕方ないとあきらめ，そのまま放置しては失敗を繰り返します．失敗を貴重な経験ととらえ，科学的アプローチを用いて因果関係を深く分析してメカニズムを見極め，失敗の原因を作り込んだプロセスに対して再発防止・未然防止の処置をとることが基本です．失敗の経験から得た教訓を学習することによって，将来同類の状況が発生したときも対応できるようになります．同じ失敗を繰り返さないための知恵を育み，遭遇する不確実な事態を乗り越えていくことが大事です．

失敗に学び有益な教訓を得るために必要なことが２つあります．

その第一は，起きた事象の本質を洞察する能力です．表面的なことでなく，どのような状況で，どのようなことが，どのような因果メカニズムで起きて，どうすればそれを防ぎ，あるいは回避し，はたまた影響を軽減できるか，その本質を見抜くことです．問題解決力，原因分析力に通じます．

第二は，謙虚さです．失敗は仕方ないものだったと強弁するとか，自分はわかっていると虚勢を張ることなく，誰からも何事からも，自分に不足している何かしらの学びがあるものだと考える謙虚さです．

誤解 11

PDCA なんて当たり前．じゃんじゃん回しているよ！

PDCA なんて当たり前

本章では，PDCA サイクルに関わる誤解について考えてみます．「PDCA なんて当たり前の考え方だ」，「そんなのとっくにやっている」，「とにかくじゃんじゃん回している」…．こんな言葉を耳にすることがあります．

「PDCA サイクルとは，目標を明らかにしたら(Plan)，ただちにそれを実施に移し(Do)，目標との差異がないか確認して(Check)，差異があればすぐに処置を行うことで(Act)，目標を達成させるというマネジメントの方法である」．仮にこのような考え方に立てば，何らかの目的の実現をめざすマネジメントにおいて「PDCA を回す」というのはごく当たり前のことであり，あれこれ理屈を言わずとも「とにかくじゃんじゃん回している」というのも当然のことでしょう．なぜなら，ここでいわれている「PDCA を回す」とは，何らかの特別な方法の適用を意味するものではなく，「目標をどんどん達成しよう」ということに他ならないのですから．

では，「PDCA サイクル」とは，このような当たり前のことをいっているに過ぎない考え方なのでしょうか．

このような「PDCA」を「じゃんじゃん回して」よいのか

例えばPDCAが次のようなレベルであった場合，じゃんじゃん回したら組織はどうなるでしょうか(**図表11.1**)．以下に問題点を列記します．

① Plan：計画が練り上げられていない

① 目標が十分に絞り込まれておらず，日常管理事項やもう少し腰を据えてじっくりやるべき研究課題レベルのものなどが混在し，多くの「目標が設定されている」ために十分に進捗管理されていない．

② プロセスの担い手の世代交代により，かつては自明であった「目的と目標とのつながり」が不明確になり，目的の実現に向けて毎期の目標にチャレンジするのではなく，腹に落ちないままに「上から降りてくる目標」に追われているだけの担当者も少なくない．

③ 目標を達成させるための手段・方法の具体化，必要な資源の明確化，点

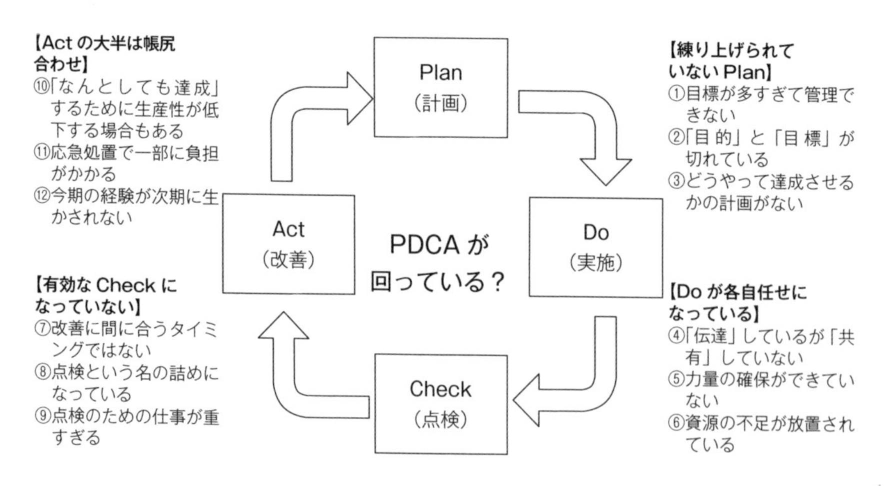

図表11.1　こんなPDCAが回っていませんか？

検方法・結果の評価方法などの「計画化」が不十分で，目標の水準が向上しているのに方法は前期同様，あとは各自の頑張り(量的努力の積み増し)で達成するしかない．

2　Do：実施が各自まかせ・各自の責任となっている

④　目標は伝達されているが，共有化し，各自のコミットメントを引き出すことはできていない．

⑤　プロセスの担い手の若返りや外部化によって実践力が低下しているが，それに対応できていない．

例：手順書などの整備・改善や必要な教育訓練の遅れ

⑥　上記の人的資源を含めて，資源の不足(人，モノ，場所，時間，知識・技能)に適切な処置がなされていない．

3　Check：有効な確認となっていない

⑦　達成方法の見直し・修正などが可能なタイミングでなされていない．

⑧　確認が単なる「通過儀礼」の場になっている．目標達成状況だけの点検で，(必要に応じて)達成のための計画の実施状況などのプロセスの点検がなされていない．結果，目標未達成の原因を明らかにして対策を立てることが「各自任せ」になっている．

⑨　確認のために作成しなければならない帳票類が膨大で，中には仕事の中で活用されていないものも含まれている．「重すぎる点検」になっている．

4　Act：「何としても計画を達成する」ための帳尻合わせになる場合がある

⑩　ある目標を「なんとしても達成する」ために，他の仕事を後回しにしたり，安全や環境面への配慮などがおろそかになる場合がある．臨時に多く

の人時を投入することで，全体としての生産性が低下している．

⑪　応急処置のために，一部の「仕事ができる担当者」により多くの負担が集中しがちである．

⑫　今期の「失敗」を次期の計画に生かすことができていない．結果として，前期と同じ失敗を繰り返すことがある．

以上，少々極論ですが，上記のようなPDCAは，「十分に練り上げていない計画(Plan)を，各自任せで実施(Do)し，確認という名の詰め(Check)を通じて，帳尻合わせの処置(Act)で目標を達成させている」に過ぎません．仮にこのようなPDCAサイクルを「じゃんじゃん回している」ならば，間違いなく

図表 11.2　PDCA サイクルの実態のチェックリスト

A：ほぼこのような状況だ　B：このような状況が多い
C：このような状況はあまりない　D：このような状況はほとんどない

		PDCA サイクルの実態	A	B	C	D
Plan（計画）	①	目標が十分に絞り込まれておらず，日常管理事項や研究課題レベルのものなどが混在．結果として目標が多く，十分に進捗管理されていない				
	②	メンバーが「目的」と「目標」のつながりを理解できておらず，上から降りてくる「目標」に追われているだけになっている				
	③	目標を達成させるための手段・方法の具体化，必要な資源の明確化，点検方法・結果の評価方法などの「計画化」が不十分				
Do（実施）	④	目標は伝達されているが，共有化し，各自のコミットメントを引き出すことはできていない				
	⑤	プロセスの担い手の若返りや外部化によって実践力が低下しているが，それに対応できていない(手順書の改訂や教育・訓練の実施)				
	⑥	資源の不足(人，モノ，場所，時間，知識・技能)に適切な処置がなされていない				
Check（点検）	⑦	達成方法の見直し・修正などが可能なタイミングで点検がなされていない				
	⑧	結果の点検のみで，必要なプロセスの点検がなされておらず，点検が単なる「詰め」の場になっている				
	⑨	確認のために作成しなければならない記録類が膨大で，中には仕事の中で活用されていないものも含まれている				
Act（改善）	⑩	ある目標を「なんとしても達成する」ために，安全や環境面への配慮などがおろそかになったり，全体としての生産性が低下する場合がある				
	⑪	応急処置のために，一部の「仕事ができるメンバー」により多くの負担が集中しがちである				
	⑫	今期の「失敗」を次期の計画に生かすことができていない．結果として，前期と同じ失敗を繰り返すことがある				

自組織の状況がA～Dのどれに近いかをチェックしA：3点B：2点C：1点D：0点として合計点数を計算してください．15点以上なら要注意．20点以上なら赤信号の可能性大です．

組織は疲弊します．短期的には計画を達成できたとしても持続的に達成し続けることは困難です．目先の計画に追われるだけの状況が延々と続くならば，人材の不定着，思わぬ事故やトラブルの発生，果ては帳尻合わせのための偽装すら発生しかねません．

以上の内容をチェックリストにしています(**図表 11.2**)．まずは，自組織で回している PDCA の現状をチェックしてみることをお勧めします．

PDCA サイクルは確かなマネジメントのための方法論

ISO 9001：2015 の序文に次のような記述があります．

> この国際規格は，Plan-Do-Check-Act(PDCA)サイクル及びリスクに基づく考え方を組み込んだ，プロセスアプローチを用いている…(中略)…組織は，PDCA サイクルによって，組織のプロセスに適切な資源を与え，マネジメントすることを確実にし，かつ，改善の機会を明確にし，取り組むことを確実にすることができる．

ISO 9001 では，PDCA サイクルを「(期待する成果を得るために)プロセスを確実にマネジメントし，改善するための方法論」と位置付けていると考えてよいでしょう．その意味では，PDCA サイクルは，“1 回，2 回といわず”継続的に回し続けるものであり，そのことで計画達成の確実性が向上するとともに，組織の成長を通じてより高度な計画へのチャレンジも可能になります．

ただし当然のことながら，PDCA サイクルがそのようなものとして効果を発揮するためには，Plan，Do，Check，Act それぞれの要素が適切に組み立てられ，連動して機能することが必要です．PDCA サイクルとは，「計画を立て，実施し，確認し，必要な処置をとる」という当たり前の考え方を述べただけのものではなく，確かなマネジメントのための基本的な方法論を明らかにするものなのです．

 PDCAサイクルのあるべき姿とは

では，基本的な方法論としてのPDCAサイクルとはどのようなものでしょうか．超ISO企業研究会のメルマガ第2弾「基礎から学ぶQMSの本質」の第9回と10回では，品質管理の基本的方法論として「PDCAを構成する4つの活動を，それぞれを2つずつに分解」する考え方について解説しています(**図表11.3**)．ここでは，その内容を要約して紹介します．

1） Plan：目的・目標の明確化(P1)と目的達成のための手段・方法の決定(P2)

① 目的・目標の明確化(P1)

まず「目的」を明確にします．例えば，「不良を減少したい」「売上を向上したい」「画期的新製品を開発したい」などです．次に，「管理項目」(目的達成の程度を計る尺度)を決めます．例えば，市場クレーム件数，工程内不良率，売上高，利益，市場導入6カ月の売上などです．第三に，その管理項目に関して到達したいレベル(管理水準，目標)を定めます．これが「目標」になります．

管理の主眼は目的達成にありますから，どのような目的・目標を定めるかは極めて重要です．目的にしたいことが多すぎる場合には重要なものを選ぶ必要があります．重点志向です．

図表11.3　PDCAサイクルのあるべき姿

P（計画）	P1：目的・目標の明確化
	P2：目的達成のための手段・方法の決定
D（実施）	D1：実施の準備・整備
	D2：(計画・指定・標準どおりの)実施
C（確認）	C1：目標達成に関わる状況確認
	C2：副作用の確認
A（処置）	A1：応急処置，影響拡大防止
	A2：再発防止，未然防止

②　目的達成のための手段・方法の決定（P2）

方策・手段への展開，業務標準・作業標準の策定などを行います．目的を達成するために最適な方法，手段，手順を明らかにして，実施する人がその最適な方法を適用できるように，作業標準，業務標準，ガイド，マニュアルなどの形にしておかなければなりません．

どの程度の詳細さで目的達成手段を明示するかは，実施者の能力によって異なりますが，どのようなレベル・内容にせよ，目的達成のためにその達成手段はなければいけないし，実施者に対して，何らかの形で明らかにされていなければなりません．目的・目標だけ示して実現手段をまったく考えていない計画は計画とはいえません．

2)　Do：実施の準備・整備（D1）と（計画・指定・標準どおりの）実施（D2）

①　実施の準備・整備（D1）

まず P2（目的達成のための手段・方法の決定）で具体化した計画に従って，設備・機器，作業環境の整備，実施者の能力の確保など，実施の準備・整備を行います．実施にあたって目標を確認しない組織はありませんが，目標の内容確認だけでなく，目的を踏まえた目標の意義と内容および達成のために具体的に何をするのかについて共有化することも重要です．

②　（計画・指定・標準どおりの）実施（D2）

実施では，P2 で定めた計画・指定・標準などの達成手段どおりに進めることが重要です．定められた達成手段は，目標を達成するための組織としての最適解を取りまとめたものであり，それを活用することで目標達成が確実になります．仮に，達成手段に誤りがある場合には，達成手段を無視して各自が勝手な方法で実施するのではなく，不備のある方法を正したうえで，新たな方法に従って実施すべきです．さもないと，さまざまな業務実施上のよい知恵が，組織全体で保有・共有すべき知識として蓄積されません．

3)　Check：目標達成に関わる状況確認（C1）と副作用の確認（C2）

①　目標達成に関わる状況確認（C1）

事業経営に関わる目標について点検・確認しない組織はありませんが，目標がどの程度達成されているか(結果)だけでなく，そのプロセス(P2で定めた達成手段の実施状況)についても確認することが必要です．D2で述べた方法の不備の発見と改善は，そのような確認なしには実施できません．

② 副作用の確認(C2)

目標の達成状況の確認と併せて，副作用，すなわち意図していなかった望ましくないことが起きていないかどうかを調べることも重要です．具体例は後述します．

C1・C2の全体を通じて留意すべきことは，「事実に基づく」確認を心がけることです．また，Check (確認)とは，次にどのような対応をすべきかの判断材料となる知見を得ることであり，必要に応じて行う追加調査・分析も含んでいることにも留意が必要です．

4) Act：応急処置，影響拡大防止(A1)と再発防止，未然防止(A2)

① 応急処置，影響拡大防止(A1)

Checkで，目標との乖離が確認されたら，所期の目的を達成するように対応します．それは望ましくない現象の解消であり，いまも事態が進行しているなら影響拡大防止の手を打つことです．これら望ましくない現象の影響を最小にする処置が「応急処置」と総称されるものです．

PDCAサイクルとは，第一に，現在進行形の案件について，何らかの対応をとって，所期の目的を達成しようとするような，管理対象に対する直接的な目的達成行動を意味しています．

② 再発防止，未然防止(A2)

PDCAサイクルには第二の意味もあります．現象を好転させるための応急処置とともに，二度と同様の問題が起きないように原因を除去し，将来に備えることです．再発防止の基本は原因の除去です．同様の状況が将来起きたとき，その原因が除去されていれば，同じ原因での問題は起きません．ことが起きる因果構造を理解し，原因系に手を打っていく，このことによって，繰り返し行われる管理活動においてそのレベルが上がっていくことが期待できます．

原因に手を打つことによって，主にP2(目的達成手段)の改善につながります．もちろん P1(目的・目標)の妥当性向上，D1(実施準備)の完全性確保，D2(P2 どおりの実施)の阻害要因の除去による確実性向上にもつながります．これらが「PDCA を回す」ということの意義・意味であり，これこそが「マネジメント力」の向上を促します．

メルマガ「基礎から学ぶ QMS の本質」は，超 ISO 企業研究会のウェブサイトで閲覧可能です．ご一読をお勧めします．

https://www.tqm9000.com/news/2016/03/22/qms_iso9001_pdca/

https://www.tqm9000.com/news/2016/03/28/qms_iso9001_pdca2/

PDCA を回すために留意すべきこと

PDCA サイクルの基本的な考え方を踏まえて，実践上の留意点について考えていきます．

1　達成のための見通しが明らかにできているか

1)　前期の教訓は P に生かされているか

「計画(Plan)」段階で実施すべきことは，「目標を明らかにすること」(P1)だけでなく，「目的を達成するために最適な方法，手段，手順を明らかにして，実施する人がその最適な方法を適用できるようにすること」(P2)です．

当然のことながら，そこには，前期の失敗や教訓から学んだ知恵(後述の A2 を参照)が反映されていなければなりません．また，目標のレベルが前期から向上するならば，達成のための方法もレベルアップさせなければなりません．

2)　最適な方法を必要な程度に「カタチ」にする

達成のための最適な方法をどの程度まで，どのような形式で「カタチ」にするのかは，当該組織が達成すべき課題，担当者の力量，組織が置かれた環境などによって異なります．熟練した担い手によって実施されているプロセスであれば，詳細な文書化された手順は必要ないかもしれません．ただし，この間プロセスの担い手は急速に変化しています．新人比率の向上などによって，従来は暗黙知で事足りた手順・方法を「カタチ」にする必要性が高まっていないでしょうか．

3）練り上げられたPがなければDもCも前進しない

「どのようにして目的・目標を達成するのか」，これが計画されていなければ，D1（実施の準備・整備）の必要性も明らかになりません．そして，D2（実施）は「計画・指定・標準どおりの実施」ではなく，「どのように実施するかは各自任せ」となり，多くの場合，「従来どおりのやり方での実施」となります．C1（目標達成に関わる状況確認）での点検内容も，「結果として目標は達成できているか」のみとなり，目標達成のための方法が適切であったか計画に基づいて確認し，必要な改善につなげることも困難になります．ここには管理者として知恵を込め工夫をこらすべきポイントがあるのです．

2 実施を担うプロセスは作り込まれているか

1）実施の準備と実施のサポートが必要

「実施（Do）」において管理者がなすべきことは，目標達成のために部下を駆り立てることではなく，P2（目的達成のための手段・方法の決定）に従って，設備・機器，作業環境を整備し，実施者の能力の確保など，実施の準備・整備を行い（D1），P2で定めた方法どおりに実施することをサポートすることです．仮に「Do」の内容が，P2に沿っていないD2，P2の反映が不十分でD1未整備なままでのD2で，P1を達成しようとするなら，例えば「仕事ができる担当者により多くの負荷をかける」などの方法しか残されていないでしょう．

2）PDCAは走りながら回すのが実際

職場の新人比率が高まる中で，一人ひとりが主体的に参加するためには，各自の目標の割り当て・明確化だけでなく，目的・目標の共有化（目標を腹に落とす)や，それぞれの力量に即した手順・方法の教育訓練などが重要になります．しかし，これらは簡単なことではありません．事業経営の現実は，「Pのステップが完全に確立されてからDのステップに移行する」というような単純なものではないからです．「目標」の大枠が決まり，「達成のための計画」がある程度形になった時点ではすでに実施がスタートしており，計画の仕上げと共有，必要な手順書の作成や教育訓練は「走りながら計画〜実施」というのが普通の組織の姿でしょう．管理者は多忙です．であるからこそ，実施の準備・整備に関わる仕事を誰が，どのように，いつまでに行うのかを，マネジメントシステムのルールとして確立して，確実に実施できるようにすることが重要です．

3 適切な処置を可能にする確認の仕組みが確立されているか

1)　結果の点検だけでなく，方法の実施状況と有効性の点検も

「実施(Do)」の内容が，「計画どおりの実施」であるなら，「確認(Check)」ではそのことが確認されなければなりません．「C1(目標達成に関わる状況確認)」とは，単にその時点までの計画が達成できているか否かという結果の確認だけではなく，P2で定めた方法の実施状況と有効性についての確認も含むものです．

その時点までの計画が達成できていないならば，必要な応急処置などを検討するとともに，再発防止処置・予防処置を実施するために状況をより詳しく調査することが必要になります．また，仮に全体としての計画は達成できていたとしても，D1で実施した教育訓練が不十分で手順が実践できない担当者が放置されていたり，あるいは，そもそもP2で作成した手順書などに不備があって実際は使用されていない(各自が「裏技」を実施している)」などの状況があれば，問題はいつか顕在化します．これらについては，手順書の改善など何らかの処置をとらなければなりません．

2) 予期していなかった事態は発生していないか

確認は，意図した結果を達成するために実施する行為ですが，その際，「副作用」についても確認する必要があります．あらかじめ想定されている「副作用」が想定の範囲内で収まっているか，だけでなく，予期していなかった事態が発生していないかにも注意が必要です．

製造業であれば，例えば，新たな製造工程を改善したことで計画したとおりの生産性が実現できているか，だけでなく，そのことによる環境負荷は想定内で推移しているか，予期していなかったトラブルなどが発生していないか，などの確認です．サービス業であれば，例えば，新たなサービスメニューの採用で計画どおりの利用客が確保できているか，だけでなく，従業員への過剰な負荷が発生していないか，旧来のサービスメニューがなくなることで苦情などが寄せられていないかです．予期していなかった事態の中には，「不具合」など望ましくない副作用だけでなく，思わぬ副次効果もあり得ます．これは，新たな改善の種などの「機会」にもなり得ることにも注意しましょう．

3) 確認を仕組みとして確立する

確認は，以上の内容について，「必要な場合は追加の調査を行い，必要な対応が実施できるタイミング」で，事実に基づいて，必要な情報が提供できるように実施されなければなりません．そのためには，確認する項目・頻度，実施時期や確認結果の活用方法などを「仕事の仕組みとして確立する」ことが必要になります．

ある事柄が「仕事の仕組みとして確立されている」とは，日常の仕事の中で当たり前に実行し続けるようになっているということです．そのためには，確認作業を担う担当者の自覚や確認に必要な力量の確保だけでなく，日常の仕事の流れの中に確認作業が位置付けられ，機器の使用や記録の方法などの工夫によって，確認作業が必要以上に重い仕組みにならないようにすることも重要です．

4 応急処置は重要だがそれだけではない

1) 適切な応急処置の実施は最優先課題

「Act（処置）」で行うことは，第一に「応急処置，影響拡大防止（A1）」，すなわち現在進行形の案件について，目標との乖離が認識されたら，修正や影響緩和処置など何らかの対応をとって，所期の目的を達成しようとするような，管理の直接的な目的達成行動です．いうまでもなく，マネジメントは目標達成のための活動であり，目標からの乖離に対して，「帳尻合わせ」ではなく適切な応急処置を迅速にとって，目標を達成させ，乖離から派生する悪影響を緩和することは，マネジメントにとって最優先に実施すべき課題です．

2) 原因が残れば，結果は繰り返される

しかし，Actで行うことはそれだけではありません．第二に「再発防止，未然防止（A2）」，すなわち二度と同様の問題が起きないように原因を除去し，将来に備えることです．結果は原因があって起こるのであり，同様の状況が将来起きたとき，その原因が除去されていれば，同じ原因での問題は起きません．発生した問題の原因分析を通じて，次期の目標の妥当性の見直し（P1），達成方法の見直し・改善（P2），実施の準備の改善（D1，例えば設備の改善や教育訓練の見直しなど），確認の項目・タイミングや方法の改善（C1，C2）など，PDCAサイクルの改善を進めることが重要です．

応急処置が的確にできることは重要なことですが，そもそも目標との乖離が発生していなければ，応急処置に費やすコストは，さらに創造的な業務に投入することができます．

PDCAサイクルの確立とマネジメントシステム

1 PDCAの要素は確立され，連動しているのか

PDCAサイクルとは，マネジメントのスパイラルアップを実現するための

方法論でもあります．前項で述べたようなPDCAを「じゃんじゃん回し続ける」ことができれば，組織のマネジメントレベルは確実に向上し，より高い目標をより確実に達成することも可能になります．しかし，そのためには，PDCAそれぞれの二重の要素が正しく確立され，連動して機能しなければなりません．

私が知る限り，そのようなPDCAサイクルを確立できている組織は，それほど多くはありません．自組織のPDCAサイクルを見直して，正しいPDCAサイクルを確立させることは，多くの組織にとって，いま取り組むべき重要課題であると思います．

図表11.4　PDCAサイクルの確立に関するISO 9001：2015の要求(一例)

<table>
<tr><td>P1：目的・目標の明確化</td><td>品質目標の要件：「a)品質方針と整合している b)測定可能である c)適用される要求事項を考慮に入れる d)製品及びサービスの適合，並びに顧客満足の向上に関連している」(6.2)</td></tr>
<tr><td>P2：目的達成のための手段・方法の決定</td><td>達成するための計画策定：「a)実施事項 b)必要な資源 c)責任者 d)実施事項の完了時期 e)結果の評価方法」を決定すること(6.2)</td></tr>
<tr><td>D1：実施の準備・整備</td><td>資源の提供：プロセスの運用に必要な人々，設備，環境など，及び，必要な力量の確保，認識の確立(7.1.2～7.1.4)，(7.2)，(7.3)</td></tr>
<tr><td>D2：(計画・指定・標準どおりの)実施</td><td>実施プロセスの確立：決定した取り組みを実施するために必要なプロセスを，計画し，実施し，かつ管理(8.1)</td></tr>
<tr><td>C1：目標達成にかかわる状況確認</td><td rowspan="2">監視・測定・分析・評価プロセスの確立：「a)監視及び測定が必要な対象 b)監視，測定，分析及び評価の方法 c)監視及び測定の実施時期 d)監視及び測定の結果の，分析及び評価の時期」の決定(9.1.1)</td></tr>
<tr><td>C2：副作用の確認</td></tr>
<tr><td>A1：応急処置，影響拡大防止</td><td>応急処置の実施：「不適合を管理し，修正するための処置をとる．不適合によって起こった結果に対処する」(10.2.1a)</td></tr>
<tr><td>A2：再発防止，未然防止</td><td>再発防止処置の実施：不適合が再発又は他のところで発生しないようにするため，不適合の原因を除去するための処置をとる必要性を評価し，「必要な処置を実施」(10.2.1 b，c)</td></tr>
</table>

2 PDCA に関わるルールの確立と運営の習熟こそが重要

上述のように，PDCA サイクルは ISO 9001：2015 の基本的な方法論であり，ISO 9001 には PDCA を正しく回すための要求事項が数多く含まれています(**図表 11.4**)．

これらが自組織のマネジメントのルールとして確立されており，どの管理者も当たり前に実施できている，すなわち PDCA が当たり前に回っている組織とは，そのような組織のことではないでしょうか．そのためには，以下のことが重要になります．

1)　PDCA サイクルをマネジメントのルール・仕組みとして明らかにする

管理者，担当者はそのためにいつ，何をするのかを見える化するとともに，意思統一や教育訓練することも重要になります．管理者の中には「PDCA なんて当たり前」という誤解があることに留意しましょう．

2)　「PDCA サイクルが回っているかどうか」ということ自体を点検し，改善する

先に述べたように，PDCA は「走りながら回す」ものです．ともすると目先の課題に追われて，Check → Act がおろそかになるなど，さまざまな問題が発生することは避けられません．例えば内部監査などを活用して，結果としてのパフォーマンスの点検だけでなく，それを生み出している PDCA について点検し，改善を進めることが大切です．

3)　中長期的な視野で取組みを進める

しっかりとしたマネジメントのルールとその運用経験の積み重ねが，「PDCA サイクルを当たり前に回せる」組織を生み出します．それは一朝一夕でできることではありません．いわば組織の風土・文化を築く取組みとして，地道に努力を積み重ねることが求められます．

本書でも何度も紹介していますが，本書の編著者である飯塚先生が「(A)当たり前のことを，(B)バカにしないで，(C)ちゃんとやる」という ABC のす

すめの重要性を指摘しています．これができる組織こそが，PDCA を当たり前に回せる組織なのではないでしょうか．

引用・参考文献

1)　JIS Q 9000：2015「品質マネジメントシステム—基本及び用語」

2)　JIS Q 9026：2016「マネジメントシステムのパフォーマンス改善—日常管理の指針」

3)　JIS Q 9027：2018「マネジメントシステムのパフォーマンス改善—プロセス保証の指針」

4)　水野滋・赤尾洋二編：『品質機能展開』，日科技連出版社，1978.

5)　赤尾洋二：『品質展開入門—品質機能展開活用マニュアル 1』，日科技連出版社，1990.

6)　大藤正・小野道照・赤尾洋二：『品質展開法(1)—品質機能展開活用マニュアル 2』，日科技連出版社，1990.

7)　飯塚悦功・金子龍三：『原因分析』，日科技連出版社，2012.

8)　飯塚悦功：『品質管理特別講義　基礎編』，日科技連出版社，2013.

9)　中條武志：『こんなにやさしい未然防止型 QC ストーリー』，日科技連出版社，2018.

10)「神鋼データ改ざんで書類送検　警視庁，虚偽表示の疑い」，日本経済新聞電子版，2018 年 7 月 17 日

11)「杭工事，体質化していた「偽装」「見過ごし」 杭騒動 語られない真相(下)」，日本経済新聞電子版，2015 年 11 月 26 日

12)「「ペヤング」全商品の生産販売休止　まるか食品，虫混入で」，日本経済新聞電子版，2014 年 12 月 11 日

13)「東北新幹線，280 キロ走行中にドア開く　コック閉め忘れ」，日本経済新聞電子版，2019 年 8 月 21 日

14)「人間石川馨と品質管理　16.3 節(6)項　品質は工程で作り込め」，石川馨先生生誕 100 年記念事業，日本科学技術連盟，2015.
http://www.juse.jp/ishikawa/ningen/

索　引

【英数字】

【あ行】

【か行】

【さ行】

【た行】

【な行】

【は行】

【ま行】

【や行】

編著者・著者紹介

編著者

飯塚　悦功(いいづか　よしのり)　全体編集，誤解の紹介，誤解 3，4，13 執筆担当
超 ISO 企業研究会　会長，東京大学名誉教授，JAB 理事長

1947 年生まれ．1970 年東京大学工学部卒業．1974 年東京大学大学院修士課程修了．1997 年東京大学教授．2013 年退職．2016 年公益財団法人日本適合性認定協会(JAB)理事長．日本品質管理学会元会長，デミング賞審査委員会元委員長，日本経営品質賞委員．ISO/TC 176 前日本代表，JAB 認定委員会元委員長などを歴任．

金子　雅明(かねこ　まさあき)　全体編集，誤解の紹介，誤解 1，7，12，23 執筆担当
超 ISO 企業研究会　副会長，東海大学情報通信学部経営システム工学科　准教授

1979 年生まれ．2007 年早稲田大学理工学研究科経営システム工学専攻博士課程修了．2009 年に博士(工学)を取得．2007 年同大学創造理工学部経営システム工学科助手に就任．2010 年青山学院大学理工学部経営システム工学科助手，2013 年同大学同学部同学科助教，2014 年東海大学情報通信学部経営システム工学科専任講師(品質管理)，2017 年同大学同学部同学科准教授に就任し，現在に至る．専門分野は品質管理・TQM，医療の質・安全保証，BCMS．

平林　良人(ひらばやし　よしと)　全体編集，誤解 5，6 執筆担当
超 ISO 企業研究会　副会長，株式会社テクノファ　取締役会長

1944 年生まれ．1968 年東北大学工学部卒業．1987 年セイコーエプソン英国工場取締役工場長．1998 ～ 2002 年公益財団法人日本適合性認定協会(JAB)評議員，2001 ～ 2010 年 ISO/TC 176(ISO 9001)日本代表エキスパート，2002 ～ 2010 年東京大学大学院新領域創成科学研究科非常勤講師，2004 ～ 2007 年経済産業省新 JIS マーク制度委員会委員，2008 ～ 2014 年東京大学工学系研究科共同研究員，2016 年～現在ニチアス株式会社社外取締役．

著者

青木　恒享(あおき　つねみち)　まえがき執筆担当
超 ISO 企業研究会　事務局長，株式会社テクノファ　代表取締役

1965 年生まれ．1988 年慶應義塾大学理工学部卒業．1988 ～ 1999 年安田信託銀行株式会社勤務．1999 年株式会社テクノファ入社，2013 年同社代表取締役に就任．現在に至る．

小原　愼一郎(おはら　しんいちろう)　誤解 8，18 執筆担当
超 ISO 企業研究会メンバー，小原 MSC 事務所　代表，公益財団法人日本適合性認定協会 MS・GHG 認定審査員，検証審査員，環境カウンセラー

1945 年生まれ，1970 年慶應義塾大学大学院工学研究科修士課程修了，富士通株式会社通信部門入社，通信部門の品質管理・QMS 構築，全社の EMS 構築，および認証取得・維持などに従事．1990 年品質管理部長，1996 年生産システム本部主席部長．1998 年から JAB にて MS 認定・認証制度の普及，認証審査の質向上に MS 認定部専門部長，認定審査員などの立場から参画．この間 JICA の専門家として中国の EMS 認定機関の支援，IAF/PAC Peer Evaluator，ISO/TC 207/SC 1 国内 EMS 委員会 / JIS 化委員などを担務．

土居　栄三(どい　えいそう)　誤解 2，11 執筆担当
超 ISO 企業研究会メンバー，マネジメントシステムサポーター

1953 年生まれ．元大阪いずみ市民生活協同組合 CSR 推進室長．2000 ～ 2012 年まで同生協で環境・品質をはじめ社会的責任課題全般を対象とするマネジメントシステムの構築・推進を担当．2013 年以降は全国の生協や企業のマネジメントシステムの支援も手掛けている．

長谷川　武英(はせがわ　たけひで)　誤解 15 執筆担当
超 ISO 企業研究会メンバー，クォリテック品質・環境システムリサーチ　代表

公益財団法人日本適合性認定協会(JAB)認定審査員，検証審査員，元日本自動車工業会(JAMA)品質システム WG 副主査．

元本田技研工業株式会社技術主幹：1970 ～ 1998 年 法規認証，品質管理・保証・

監査，開発管理，欧州においてEC指令の調査・分析，JAMA活動支援，英国工場QMRを歴任，QMS初期構築．1998年QS-9000認定審査員，自動車セクター専門家として企業研修，コンサルティング起業．2002年IAF/PAC Peer Evaluator.

福丸　典芳（ふくまる　のりよし）　誤解4，17執筆担当

超ISO企業研究会メンバー，有限会社福丸マネジメントテクノ　代表取締役

1950年生まれ．1974年鹿児島大学工学部電気工学科卒業．1974年日本電信電話公社入社．1999年NTT東日本株式会社ISO推進担当部長，2001年株式会社NTT-MEコンサルティング取締役．2002年有限会社福丸マネジメントテクノ代表取締役に就任し，現在に至る．一般財団法人日本規格協会品質マネジメントシステム規格国内委員会委員，一般社団法人日本品質管理学会管理技術部副部会長などを務める．

松本　隆（まつもと　たかし）　誤解16，19，22執筆担当

超ISO企業研究会メンバー，MT経営工学研究所　代表，関西学院大学専門職大学院経営戦略研究科 客員教授

1947年福岡県に生まれる．1971年早稲田大学理工学部工業経営学科卒業．1971～2003年古河電気工業株式会社勤務，2003～2008年日本規格協会勤務．2008年MT経営工学研究所を設立，2011年関西学院大学の客員教授（「標準化経営戦略」を担当）に就任し，現在に至る．最近はQMS/EMSの審査やコンサルティングなども行っている．

丸山　昇（まるやま　のぼる）　誤解14，20執筆担当

超ISO企業研究会メンバー，アイソマネジメント研究所　所長

1947年東京に生まれる．1977年ぺんてる株式会社（文具製造業）に入社．生産本部QC・TQC・IE担当次長，茨城工場の企画室次長などに従事．2002年に同社を退社し，アイソマネジメント研究所を設立．最近は，中小企業診断士，元 日本品質奨励賞審査委員，ISO 9001およびISO 14001主任審査員として，中小・中堅企業向けの経営，生産，品質管理を中心としたコンサルティングや，セミナー講師，企業診断・審査活動などを行っている．

村川　賢司(むらかわ　けんじ)　誤解 9，10，21 執筆担当
超 ISO 企業研究会メンバー，村川技術士事務所　所長

1950 年生まれ．1976 年東京工業大学大学院総合理工学研究科社会開発工学専攻修士課程修了(工学修士)．同年前田建設工業株式会社入社．TQC 推進室長，品質保証室長，総合企画部部長などを務め，2008 年同社顧問(2019 年退任)．2011 年村川技術士事務所開設，現在に至る．現在，一般財団法人日本科学技術連盟評議員および ISO 審査登録センター審査登録判定会議，株式会社マネジメントシステム評価センター公平性委員会および判定委員会などの委員を務める．技術士(経営工学部門，総合技術監理部門)．

TQM みんなの“大誤解”を斬る！
顧客満足は正義なのか？

2021年11月30日　第1刷発行

編著者　飯塚　悦功　金子　雅明
　　　　平林　良人
著　者　TQMの“大誤解”を斬る！
　　　　編集委員会

発行人　戸羽　節文

検印
省略

発行所　株式会社 日科技連出版社
〒151-0051　東京都渋谷区千駄ヶ谷5-15-5
DSビル
電話　出版　03-5379-1244
　　　営業　03-5379-1238

Printed in Japan　　印刷・製本　㈱金精社

ISBN 978-4-8171-9745-0
https://www.juse-p.co.jp/

進化する品質経営
事業の持続的成功を目指して

飯塚　悦功，金子　雅明，住本　守，山上　裕司，丸山　昇　著
A5 判　224 頁

本書では，顧客価値提供において，どのような経営環境の変化にも的確に対応し，顧客からの高い評価を受け続けることによって財務的にも持続的に成功できる経営スタイルの重要性について述べ，その実践方法を解説する．

また，持続的成功を具現化する品質マネジメントシステムの設計，構築，運営，改善について，「超ISO企業研究会」のメンバーが行ってきた研究，実践事例も紹介する．

主要目次